新潟の復元算額から

和算の独創性を知る

涌田和芳・外川一仁

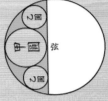

奉獻　算額　術二條

今有如圖弧内容甲圓與乙圓欲使弦
問甲圓徑乙圓徑幾何
只云外圓徑差五寸
答曰　乙圓徑一寸
術曰置外圓徑五除之得乙圓徑合問

今有如圖圓内設五等斜而容甲圓乙圓
問甲圓徑乙圓徑幾何
只云甲圓徑十二
答曰　乙圓徑四拾壹百零五零壹有奇
術曰置甲圓徑七百四拾五十九除之得乙圓徑合問
術曰置乙圓徑五十九除之得甲圓徑一百略

江戸關流　日下誠門人
越後國三島郡新保村
米持彌總右衛門矩章
寛政七乙卯年五月

口絵-1　柏崎椎谷観音堂

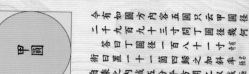

今有如圖方内容五圓只云甲圓径幾何

今有二千九百九十百一十五寸八分四釐斜来減極小之數加

答曰置二乗自乗甲圓如圖方内容五圓丁径一十五分五釐如上方五面下

斜五十四箇平方開之得丁径内容五圓方臺内容五寸方五面下

乗甲丁圓径如前斜置下方開之得方臺五寸下方六

寸以上左右球方径

答曰立天元一爲大球径減下方面

術曰置自乗甲圓径方面下方面餘因乗自乗

乗上列再乗大球径内減上方再乗下方面餘得

方面三乗之圓弧斜五百二十一寸加

只云乙圓径幾何答曰置五箇平方開之加五以除之

術曰置五百零七乗乙圓径以七乗乙圓径平方開之得二千二百零七

外術曰置外圓径三百零七...得乙圓径

關流
大田正儀門人

中術 松村屋 長屋 右衛門
　　 畳屋 銀屋
平石屋 與治兵衛 萬六

宝和元年辛酉三月
末術 平石屋

口絵-2　長岡蒼柴神社

奉納

今有如圖方内隔斜容大圓一箇小圓十二箇只云大圓径五寸問小圓径幾何

答曰小圓径□寸

術曰置大圓径半之得合問

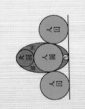

今有如圖直線截側圓地圓一箇人圓三箇只云天圓径三寸問至多少

答曰天圓径三寸

術曰置地圓径三之得合問

嘉永二年己酉七月

関流安立清兵衛正信門人

後術當所　小林捨吉重兌

矢川雄七郎政平

口絵-3　三島根立寺

奉納

今有如圖釣股内容
方形只方面最少問股
若干欲何如

答曰如左術

術曰置釣股自之加股冪平方
開之以除釣股餘加釣得少股
極方面回合問

嘉永二年己酉七月

關流安立清兵衛敬門人

當所　吉原吉之亟秉義

奉獻
今有如圖圓內隔斜容四圓
其中罅亦容圓乃切四圓南圓徑
二寸東圓徑三寸西圓徑四寸問北
圓徑幾何
答曰北圓徑一十二寸
術曰置東圓徑乘西圓徑名極以南圓徑除之以
減東西圓徑和餘以除極得北圓徑合問
關流丸山因平良玄門人
北越村上
鶴見喜作正直
寛政三年辛亥十月
北圓
東圓
南圓
西圓

口絵-5 村上羽黒神社

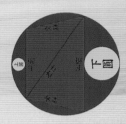

奉納

今有如圖圓内容梯
及二斜與旁斜較四寸
二圓上圓径一寸
問下圓径幾何
答曰下圓径四寸

術曰置斜較半而自乘
之得下圓径合問
之以上圓径除

關流藤田貞資門人
長岡　石垣作右衛門光隆

寛政八年丙辰正月

奉獻

今有如左圖圓内容七圓土圓徑九分九釐全圓徑
一寸九分八釐問水圓徑幾何

答曰水圓徑五寸八分有奇

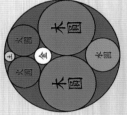

術曰置全圓徑以土圓徑
除之名東加一箇名西置
二箇平方開之名南乘西
加三箇名北置南加一箇
乘東之加西羃平方開之以減北餘以除全圓徑
得水圓徑合問

關流丸山良玄門人
北樹原邑
見邊久米次郎榮親

寛政十二年庚申三月

奉獻

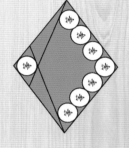

今有如圖菱内隔二斜容
等圓數箇圖上數内假量菱平三寸等
八箇共菱長四寸菱平三寸問等
等圓箇數總計十箇問等
圓徑幾何

答曰等圓徑四分八釐

術曰開方之加菱平自之開方之加一箇除之
乘菱平以菱長
除之名人以菱長
減一箇餘乘菱平以
加地與人以除之
開方之加地與

術曰置菱長自之加
菱平自之加一箇開
方之加菱平自之加
得等圓徑合問

術曰置菱長自之加
除之名地置圓數總計
除之名人自之加一箇
除之名天除之名
菱平得等圓徑合問

東都本郷
松下清六郎興昌

神谷定令門人

寬政十二年庚申閏四月

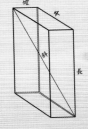

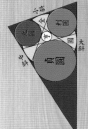

口絵-10 新潟白山神社

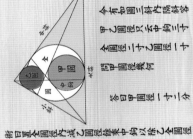

口絵-11　与板都野神社（2）

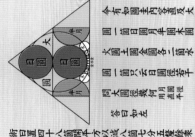

奉納

今有如圖以六線挟入圓
天方地陰人陽圓圓各各二箇只云陰圓徑一
十圓徑一寸又云別云天地圓徑
乗四箇問人圓徑幾何
答曰人圓徑一十五分
術曰陰陽圓徑相乗内減別云云以陰陽圓徑和除
之得人圓徑合問

今有如圖圭内容及大
圓一箇日圓半圓木圓水圓
大圓圭圓金圓各二箇日圓徑若干
圓一箇只云大圓徑幾何用月直圓徑木圓
問大圓徑幾何
答曰如左以減八箇七分五棒除乗
術曰置四十八箇圓本圓合問
日圓徑得大圓徑

文化五戊辰年閏六月
最上流
丸田正通門人

前術　高橋徳通
後術　塩原道明

口絵-12　新発田諏訪神社

奉納

今有如圖鈎股内容大
弧小弧只云大弧鈎三
寸股四寸問圓徑幾何
答曰圓徑二十二寸

術曰以股自乘以鈎除
之加極名極以鈎除得圓徑合問

今有如圖直内容甲乙丙
丁戊之五圓只云乙圓徑
百五十寸問甲圓徑幾何
答曰甲圓徑百二十寸

術曰置四面五分減斜率
二段名極以極減二分五釐餘開
平方加極四除之乘本率得甲圓徑合問

文化戊辰秋八月

關流　太田覺兵衛正儀門人

前術　松浦陸左衛門尊重

後術　竹内適齋度員

奉納

今有如圖圓内容隔弧背等圓及
圓數六個只云長一十八寸又云
等圓徑十末圓徑一十寸左右圓
數幾何
答曰左右圓數六個

術曰以末圓徑一寸下略圓之徑除等圓開平方減一個乘長
等差以等差除之得左右圓數合問

今有如圖甲乙丙三圓交畫四圓只云甲
圓徑一十八寸乙圓徑二十七寸同丙
圓徑九寸問丁圓徑幾何
答曰丁圓徑一寸四分

術曰置乙圓徑丙一寸下略圓之徑加以除天得甲乘乙丙
因甲除之内減一個乘丙合問

今有如圖弧内三等圓只云弦四寸
問等圓徑幾何
答曰等圓徑一寸二分

術曰置矢羃四段名角加以除矢得天加角一個以除矢
得等圓徑合問

佐藤虎三郎解記　正矩

仲儀助　算吉

郡波太郎

渡太郎吉

第一術
第二術
第三術

天保四癸巳歳次九月吉日

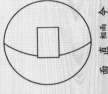

奉納

今有置一算以法数二十一万四千四百十三除
之得不盡一則止問其一周數幾何
答曰一周九萬七千二百二十一位

今有如圖球字去直形球
直徑及若干長字若干
相交心面積術如何
答術曰大玄相乘入地天
相併半之三除得字去積
中玄相乘入地天加半
本弦相乘小玄相乘内減
減字去積得徑問同合
小弦以一個横通圓徑長
餘以一個横圓徑長
字去積餘乗圓徑面積
餘名夏蕣依術求本方
本方以除面積乗小中大
名餘小青蕣杪長列

磧齋小林先生門人

後越後柿崎川称 亀倉德左衛門為奉
後越後長岡称 柳松民之助正為

弘化四年丁未三月

はじめに

　江戸時代の日本には，和算という独自の数学があった．その成果が，算額として神社や仏閣に掲額され，現在にまで至っているものもある．算額を通して，和算で考えられた問題とその解法の独創性を知ることができる．

　算額を奉納したのは，武士，町人，農民といったあらゆる身分の人々であり，算額からは，当時の人々の数学に取り組む精神が時を越えて伝わって来る．新潟県には優れた和算家がおり，すばらしい算額があった．算額は，その地域の歴史であり文化である．

　長岡工業高等専門学校に赴任したとき，道脇義正先生と八田健二先生共著の『新潟の算額』から，新潟にも算額が多く遺っていることを知った．あるとき，校舎の裏手にある蒼柴神社の算額を見学したが，殆ど判読できないにも拘わらず，畳一畳ほどの重量感のある算額の迫力に圧倒された．

　その後，著者らは，その算額の復元を試みた．たまたま，その年に開催予定の愛知万博と連携して，深川英俊先生が「庶民の算術展」を名古屋市科学館で開催する準備をされていた．全国から130面の算額を展示するという大規模なものだった．新潟県からは，長岡の蒼柴神社の算額と柏崎の椎谷観音堂の算額が展示され，その会場に蒼柴神社の算額と並べて復元図も展示させて頂いた．

　現存する算額の調査をしているうちに，現存しない算額も復元しなければ，算額の全体像が掴めないと思い，江戸時代の和算書の記録にもとづいて新たな復元作業を始めた．新潟県には25面の算額が現存し，それ以外で記録のあるものを合わせると81面が知られているが，他に存在していた可能性も，また，現存している可能性もある．

　本書でも取り上げたが，新潟の白山神社の算額の問題は，明治になり西欧に紹介された有名な問題である．また，三島の根立寺の算額は楕円を扱い，柏崎の椎谷観音堂などいくつかの算額には，極値問題（最大最小問題）がある．直江津の府中八幡宮の算額も興味深い．第1問は，1/194443の循環節

の位数を求めるという整数論の問題である．第2問は穿去問題で，球に直方体を貫通させて，くり貫かれる面積および体積を求める問題である．和算家は，このような難しい求積問題にも挑んでいた．なお，本書では取り上げなかったが，江戸時代末期には，重心を扱った刈羽の白山神社の算額もある．

本書では，今までに調査・復元した県内の主な算額を紹介し解説する．第1部では現存する4面の算額，第2部では現存しない11面の算額を載せた．時期的には新潟の算額の歴史のほぼ全期間に渡っており，地域的には全県に及ぶ．これらを通して，算額の概要を知ることができる．

和算家たちはどのようにして問題を解いたのだろうか．算額だけからでは分からない．『新潟の算額』では現代的解法が試みられたが，未解決の問題も多い．和算家の解法を知ることで，和算への理解が深められる．幸い，当時の解法が記録されているものがある．これらについては文献から当時の解法を読み解き，そうでないものについては和算の公式集などを用いて当時の解法を推測した．第3部では，和算入門として，代数，方程式，幾何，極値問題，求積法について解説した．また，付録として，「和算の流派および越後の和算家」と「新潟県の算額リストおよび注」を載せた．和算の流派の簡単な説明，および越後において指導的立場にあった和算家の小伝と算額のデータである．算額のデータは，『新潟県史』の資料を元に修正を加えた．現存しない算額は，その典拠をできるだけ明らかにしたが不明のものもある．現存する算額は，その掲額地が特定できるようにした．

最初に取り組んだ，享和元年に奉納された蒼柴神社の算額はなかなか難しく，「答」を導く「術」の式がどのように得られたのか分からなかった．「庶民の算術展」に行ってみると，深川先生が復刻された和算書『算法助術』が販売されており，ここには多くの図形の公式が載っていた．早速，これを使って問題を解いたところ，「術」の式が導かれて驚いた．また，算額にある極値問題（最大最小問題）は，当時および現代の文献でも，その解法を的確に解説したものはなかった．ただ，加藤平左エ門著『和算ノ研究 方程式論』には，極値問題の解法のための考え方が示唆されていた．それを発展さ

せて，「和算における極値問題の解法」「適尽方級法(てきじんほうきゅうほう)の現代数学への応用」としてまとめ，日本数学史学会の「数学史研究」に発表した．この概要を，第3部 和算入門（4. 極値問題）で述べた．深川英俊先生，そして算額のホームページ「和算の館」を運営されている小寺裕先生にはいろいろとご教示頂いた．

　本書を通して，和算や算額という江戸時代の日本の数学に興味を持って頂き，現代に活かして頂ければ幸いである．

著者代表　涌田和芳

凡例

　・本書は，長岡工業高等専門学校研究紀要に発表した算額の研究が元になっている．ただし，本書にまとめるに当たり加筆訂正を行った．

　・和算に関する資料は，東北大学附属図書館データベース/東北大学デジタルコレクション/和算資料データベース（東北大学附属図書館 HP），日本学士院などに拠った．

　・算額の復元に当たって，漢字は，現存するものはなるべく算額の字体に近づけた．現存しないものは漢和辞典により旧字体を用いたが，『神壁算法』などの出典も参考にした．ごくわずかな違いだけのものは，新字体を用いたものもある．現存しないものでは，額文の初めの「奉納」や「奉獻」は資料にはなく付け加えた．また，図の彩色については，現存するものは残っている顔料の色から推測し，現存しないものは他の算額を参考に，白，黄土(おうど)，朱，浅葱(あさぎ)，緑青(ろくしょう)，群青(ぐんじょう)などを用いた．（株）ネオスに依頼し，合板にシルク印刷して復元算額を制作した．

　・漢文の書下しは，大矢真一著『和算入門』，小寺裕著『和算書「算法少女」を読む』などを参考にした．同僚の国語の先生からも教えて頂いた．

　・和算家の名前の読み方は，佐藤健一監修『和算の事典』に依ったが，不明のものも多い．越後の和算家の一部については，通常使われている読み方を付けた．また，和算の資料や事柄もできるだけその読み方を示した．

序　和算について

　江戸時代に日本で行われていた数学（算学）は，明治になり西洋の数学（洋算）が取り入れられて，和算と呼ばれるようになった．中国の算法書『算学啓蒙』，『算学統宗』などを通して基礎的な知識を得て，江戸時代の初め頃から独自に発展した．日本を訪れていた宣教師の影響も研究されている．西洋では自然科学などを背景として数学が発展したが，和算では，それに当たるものは天文暦法（改暦），測量などである．一方，算額などを通して伝わってくるのは，庶民の数学を学ぶ精神である．佐藤健一他編『和算史年表』には，約700名もの和算家の名前が記されているが，その周りで多くの人々が数学を学んでいた．

　中国より伝えられた数学は天元術と呼ばれ，計算や方程式の解法を算木を用いて行った．算聖といわれる関孝和は，未知数と式の表記法である傍書法と筆算による計算法である演段術を考案して，和算の発展の基礎を作った．これは後に点竄術と呼ばれた．点竄術については，第3部 和算入門（1. 代数）で簡単に解説した．関孝和の業績は，点竄術の他，円周率の計算法（加速法）の発見，行列式の発見，方程式の数値解法の確立など多岐にわたっている．西洋と異なり，和算では関数，座標などの概念がなかったが，和算家は優れた計算力と直観力を持ち，独自の方法を考え出して世界に先駆ける発見も行った．

　算額奉納と遺題継承は，和算の大きな特長であり，和算の発展に役立った．算額は，数学の「問」と「答」と「術」を額にして神社や仏閣に奉納したものである．会心の作を神仏に捧げるとともに，広く人々に知らしめた．算額の問題の多くは図形の問題であるが，和算では，容術という特色のある図形の問題が探求された．円や多角形に多くの円などが内接する問題であり，すばらしい公式が発見された．また，算額は，図形に彩色が施され数学の絵馬といわれるが，江戸時代のマセマティカルアートともいえる．現存する最古の算額は，1683年，栃木県佐野市の星宮神社に奉納されたものであり，

文献上は，1657 年，福島県白河市の 境 明 神 に掲額されたものが最古である．和算書『神壁算法』，『続神壁算法』，『賽祠神算』，『順天堂算譜』には，多くの算額が集録されている．深川英俊氏の調査では，全国に現存する算額は 914 面，それ以外で記録のあるものを合わせると 2 千を超えるという．佐藤健一監修『和算の事典』参照．遺題継承は，1641 年に出版された『新編塵劫記』に始まる．そこには答えを付けないで 12 の問題が遺題として載せられた．12 年後に，答えとともに別の遺題を載せて出版する人が現れ，これが繰り返されて 1813 年まで約 170 年間続いた．

　遊歴算家という存在も和算の普及に貢献した．遊歴算家とは，全国を巡って地方に住む人々に和算を教えた人のことである．越後の和算家，水原の山口和もその一人である．記録によれば，6 回に亘って諸国をまわっている．第 2 回は，約 1 年かけて東北地方をまわり数学を教え，第 3 回は，2 年以上かけて九州まで西日本をまわっている．『道中日記』は，その貴重な記録である．

　和算では伝統を重んじて流派が作られ，成果が継承されていった．付録「和算の流派および越後の和算家」参照．また，多くの和算書が刊本，あるいは稿本として広まり，それらを通して和算を学ぶことができた．

　明治になり西洋の文明を取り入れるに当たって，和算も西洋の数学へと変わったが，和算で培ってきたものが，その移行をスムーズにした．現在，和算は，その研究とともに教育にも取り入れられている．和算には，西洋の数学とは異なった発想があり，現代数学として新しい結果を導き出すことが期待される．また，和算は数学の問題の宝庫であり，江戸時代の庶民のように数学を愉しむことができる．和算の独創性は，世界からも注目されている．

　和算については，大矢真一著『和算入門』，平山諦著『和算の歴史 その本質と発展』，算額については，深川英俊著『日本の数学と算額』，深川英俊，トニー・ロスマン著『聖なる数学 算額』に詳しい解説がある．参考文献は巻末に一括して掲載した．

復元算額分布図

現存する算額
① 柏崎椎谷観音堂
② 長岡蒼柴神社
③ 三島根立寺
④ 三島諏訪神社

現存しない算額
⑤ 村上羽黒神社
⑥ 長岡蒼柴神社（2）
⑦ 糸魚川天津神社
⑧ 三条本成寺
⑨ 与板都野神社
⑩ 新潟白山神社
⑪ 与板都野神社（2）
⑫ 新発田諏訪神社
⑬ 与板都野神社（3）
⑭ 小千谷二荒神社
⑮ 直江津府中八幡宮

目次

第1部　現存する算額

No.1 柏崎椎谷観音堂の算額

[掲額地]柏崎市椎谷観音堂 / [掲額年]寛政7(1795)年 / [流派]関流 / [師]日下誠 / [掲額者]米持矩章 / [資料]賽祠神算・越後国諸堂社諸流奉額集

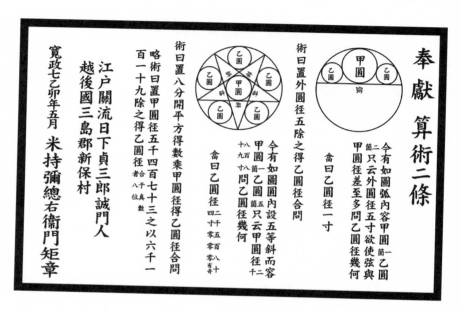

1．算額の説明

　柏崎市の椎谷観音堂に，この算額が保存されている．寛政 7 (1795) 年に奉納された新潟県に現存する最古の算額である．

　算額は，縦 91cm，横 126cm の木製である．保存状態は比較的良いが，文字も図形に施された顔料も薄くなっている．中村時万編『賽祠神算』，会田安明編『越後国諸堂社諸流奉額集』も参考に，この算額を復元した（口絵-1）．額文の中で，「徑」，「答」などは，旧字の異体字が使われている．また，図の彩色は残っている顔料の色から推測した．

　算額を奉納した米持矩章は長岡市（旧三島郡三島町）新保の人で，師は関流宗統五伝日下誠である．付録「和算の流派および越後の和算家」参照．算額では，日下の通称が貞三郎とあるが，『賽祠神算』では，他の文献がそうであるように，貞八郎としている．

算額の問題は，図形の問題が 2 題である．当時の解法を推測する．第 1 問は，図形と関連した最大最小問題であり，享和元（1801）年の蒼柴神社の算額の第 3 問に類似した問題がある．

2．額文の解説
第 1 問
[書下し文]

今，図の如く，弧の内に甲円一箇，乙円二箇を容るる有り．只云ふ，外円径五寸．弦と甲円径の差をして至多にせしめんと欲す．乙円径幾何と問ふ．

　答へて曰く，乙円径一寸．

　術に曰く，外円径を置き，これを五除し，乙円径を得て問ひに合す．

[現代語訳]

図のように，弧の中に甲円 1 個と乙円 2 個がある．ただし，外円の直径は 5 寸とする．弦と甲円の直径との差を最大にするとき，乙円の直径はいくらか．

　答．乙円の直径は 1 寸である．

　術．外円の直径 r を 5 で割って，乙円の直径 x を得る．答えは題意に合う．

$$x = \frac{r}{5}$$

第 2 問
[書下し文]

今，図の如く，円の内に五等斜を設けて，甲円一箇，乙円五箇を容るる有り．只云ふ，甲円径二千八百八十九寸．乙円径幾何と問ふ．

　答へて曰く，乙円径二千五百八十四寸零零零奇有り[*1]．

　術に曰く，八分を置き，平方に開き数を得[*2]．甲円径を乗じ，乙円径を得て問ひに合す．

　略術に曰く，甲円径を置き，これを五千四百七十三たびし，六千一百十九を以てこれを除し，乙円径を得．真数に合ふところは八位．

[現代語訳]

図のように，円の中に 5 個の等しい斜線と甲円 1 個，乙円 5 個がある．ただし，甲円の直径は 2889 寸とする．乙円の直径はいくらか．

　答．乙円の直径は 2584 寸 000 と少しある．

術．0.8 の平方根を取り，甲円の直径 a を掛けて，乙円の直径 x を得る．答えは題意に合う．

略術．甲円の直径 a を 5473 倍し，これを 6119 で割って，乙円の直径 x を得る．真数とは 8 位まで一致する．

$$x = \sqrt{0.8}a \approx \frac{5473}{6119}a$$

３．術の解説
第 1 問

図-1 のように，外円を O，弦を AB，甲円を O_1，乙円を O_2 とし，甲円 O_1 と外円 O，甲円 O_1 と弦 AB との接点を，それぞれ，C, D とする．O_1, D は直線 OC 上にある．また，O_2 から直線 OC, AB に引いた垂線を，それぞれ，O_2E, O_2F とする．

r：外円 O の直径，$a = AB$：弦，$b = CD$：甲円 O_1 の直径

x：乙円 O_2 の直径

とおく．

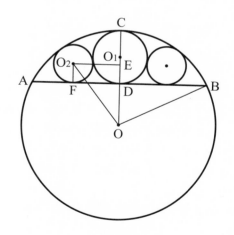

図-1

最初に，弦と甲円の直径との差 $a - b$ を最大にする a, b を求める[*3]．直角三角形 ODB について，三平方の定理より[*4]

$$\left(\frac{a}{2}\right)^2 + \left(\frac{r}{2} - b\right)^2 = \left(\frac{r}{2}\right)^2$$

したがって

$$a^2 = 4br - 4b^2 \tag{1}$$

一方

$$a = (a - b) + b$$

両辺を2乗して

$$a^2 = (a-b)^2 + 2(a-b)b + b^2 \tag{2}$$

(1)，(2)より

$$5b^2 + \{2(a-b) - 4r\}b + (a-b)^2 = 0$$

$k = a - b$ とおいて

$$5b^2 + (2k - 4r)b + k^2 = 0 \tag{3}$$

ここで，(3)において，b を定めれば k が得られる．逆に，(3)において，b が実数解 $(0 < b < r/2)$ を持つような k の値が k の取り得る値である．適尽方級法により[*5]，k が極値を取るならば，(3)において b は2重解を持ち

$$10b + (2k - 4r) = 0 \tag{4}$$

が成り立つ．(4)$\times b$ − (3)より

$$5b^2 - k^2 = 0 \tag{5}$$

b と k は正なので

$$\sqrt{5}b - k = 0 \tag{6}$$

(4)$\times 1/2$ + (6)より

$$5b + \sqrt{5}b - 2r = 0 \tag{7}$$

したがって，k が極値を取る b の候補は

$$b = \frac{2}{5 + \sqrt{5}}r = \frac{5 - \sqrt{5}}{10}r \tag{8}$$

$0 < b < r/2$ なので，これは題意に合う．

図-1 において，b が減少すると，a の減少率は，はじめ b の減少率より小さく，次第に大きくなり，それを越える．このことから k は最大値を取ることが分かる．

したがって，(8) より，$b = (5-\sqrt{5})r/10$ のとき，差 $a-b$ は最大になる．(6) より，k の最大値は

$$k = \sqrt{5}b = \frac{\sqrt{5}-1}{2}r \tag{9}$$

また，このとき

$$a = b + k = \frac{2\sqrt{5}}{5}r \tag{10}$$

次に，乙円の直径 x を求める．

図-1 において，公式より[*6]

$$O_2E = FD = \sqrt{bx} \tag{11}$$

ΔOEO_2 について，三平方の定理より

$$(\frac{r}{2} - b + \frac{x}{2})^2 + (\sqrt{bx})^2 = (\frac{r}{2} - \frac{x}{2})^2$$

これを整理すると

$$x = b - \frac{b^2}{r} \tag{12}$$

(8) を (12) に代入して

$$x = \frac{r}{5} \tag{13}$$

これが術で述べられている．今，$r = 5$ なので $x = 1$．

第2問

図-2 のように，甲円を O，乙円を O' とし，A, A', B を定める．直線 AA' と甲円 O，乙 O' 円との接点を，それぞれ，C, E とし，斜線の交点を D とする．

a：甲円 O の直径，x：乙円 O' の直径

とおく．

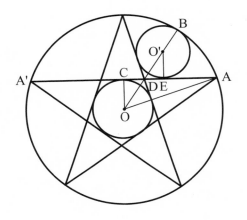

図-2

　次の公式を用いる[7]．　図-3 のように，正五角形 $ABCDE$ があり，中心を O とする．A から辺 CD に引いた垂線を AH とし，直線 AH と直線 BE との交点を G，直線 AD と直線 BE との交点を F とする．　$AB = 1$ とすると

$$AD = \frac{\sqrt{5}+1}{2}, \quad AF = \frac{\sqrt{5}-1}{2} \tag{14}$$

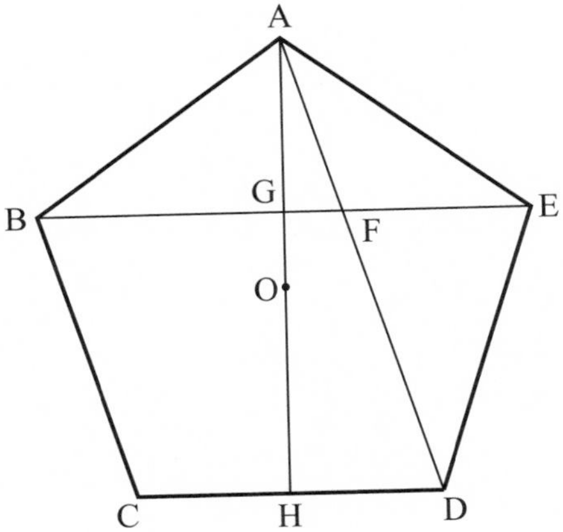

図-3

図-3 において，$BE = AD$，$EF = AF$ であるので，(14) より

$$GF = \frac{AD}{2} - AF = \frac{3 - \sqrt{5}}{4} \tag{15}$$

したがって

$$\frac{AF}{GF} = \sqrt{5} + 1 \tag{16}$$

図-2 の ΔACO と図-3 の ΔAGF は相似であるので

$$\frac{AO}{CO} = \frac{AF}{GF} = \sqrt{5} + 1 \tag{17}$$

したがって，図-2 において

$$OB = OA = \frac{\sqrt{5} + 1}{2} a \tag{18}$$

また，図-3 において

$$\frac{AE}{GE} = \sqrt{5} - 1 \tag{19}$$

図-2 の ΔOCD と図-3 の ΔEGA は相似であるので

$$\frac{DO}{CO} = \frac{AE}{GE} = \sqrt{5} - 1 \tag{20}$$

したがって，図-2 において

$$DO = \frac{\sqrt{5} - 1}{2} a \tag{21}$$

また，$\Delta OCD \backsim \Delta O'ED$ なので[*8]

$$DO' = \frac{\sqrt{5} - 1}{2} x \tag{22}$$

一方，$OB = DO + DO' + O'B$ なので，(18)，(21)，(22)より

$$\frac{\sqrt{5} + 1}{2} a = \frac{\sqrt{5} - 1}{2} a + \frac{\sqrt{5} - 1}{2} x + \frac{x}{2} \tag{23}$$

これより

$$x = \frac{2}{\sqrt{5}} a = \sqrt{0.8} a \tag{24}$$

これが術で述べられている．今，$a = 2889$ なので $x \approx 2584.00015$．

$$\sqrt{0.8} = \frac{2}{\sqrt{5}} \approx \frac{5473}{6119} \tag{25}$$

で近似すると[*9]，$x \approx 2584.00016$ となり 8 位まで一致する．

注

*1 有奇でもよい．戸田芳郎監修『全訳漢辞海』の例文に拠った．

*2 中村時万編『賽祠神算』では，「数」ではなく「商」となっている．和算では，通常，平方根は商というので，訂正したものと思われる．

*3 和田寧著『適尽題寄消適当本術解』は，「適尽方級法」について解説したものであり，第1問と同じ極値問題を解いている．この解法を紹介した．現代数学での解法と比較してみる．

$$f(b,k) = 5b^2 + (2k - 4r)b + k^2 = 0 \qquad (26)$$

とおくと

$$\frac{df}{db} = \frac{\partial f}{\partial b} + \frac{\partial f}{\partial k}\frac{dk}{db} = 0 \qquad (27)$$

k が極値を取るならば，$dk/db = 0$．したがって

$$\frac{\partial f}{\partial b} = 10b + (2k - 4r) = 0 \qquad (29)$$

これは(4)に一致する．なお，(3)より k について解いて，微分してもよい．

*4 三平方の定理は，公式として和算ではよく使われる．第3部 和算入門（3.1 鉤股弦）参照．

*5 貞享 2(1685)年に関孝和が著した『開方翻変之法』の中に「適尽方級法」がある．和算における極値問題は，この考え方により解かれた．第3部 和算入門（4．極値問題）参照．なお，『開方翻変之法』は，平山諦，下平和夫，広瀬秀雄著『関孝和全集』に収録されている．

*6

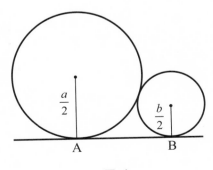

図-4

山本賀前著『算法助術』は，和算の主に図形の公式をまとめたもので，105 個の公式が載っている．その中の第 40 番の公式である．図-4 のように，直径が a, b の外接する 2 円の共通外接線の長さは

$$AB = \sqrt{ab} \tag{30}$$

で与えられる．証明は容易である．第 3 部 和算入門（1．代数）参照．

*7 山本賀前著『算法助術』の第 3 番の公式である．これを『算法助術解義』（金原文庫）にしたがって解説する．

図-3 において， $AB = 1, AD = s, AF = t$ とおく． $BC /\!/ AD$ ， $CD /\!/ BE$ ， $BF = DF$ なので，四角形 $BCDF$ は菱形である．したがって

$$t = s - 1 \tag{31}$$

『算法助術解義』では説明はなく，この式だけが書かれている． $\triangle AFE \backsim \triangle AED$ なので， $AF : AE = AE : AD$ ．したがって

$$st = 1 \tag{32}$$

(31)，(32)より

$$s^2 - s - 1 = 0$$

これを解いて

$$s = \frac{\sqrt{5}+1}{2}, \ t = \frac{\sqrt{5}-1}{2} \tag{33}$$

他に， AG, AO, OH なども求めている．

*8 相似記号を用いて説明したが，和算では，明らかに相似であることが分かる三角形について，直接，比例関係を述べる．

*9 関孝和，建部賢明，建部賢弘著『大成算経』の巻六諸約第五に「零約術」がある．「零約術」は，不尽数（無理数）を簡単な分数で表す術である．この中に連分数の理論が見られる．加藤平左エ門著『和算ノ研究整数論』に解説がある．まず，有理数の例で説明する．

例． $\dfrac{69}{13}$ を連分数で表す．

下のように，2 つの数 69 と 13 にユークリッドの互除法を施す．これは，

「剰一術」（2元1次不定方程式の解法）などで行われる方法である.

$$
\begin{array}{c|cc|c}
3 & 13 & 69 & 5 \\
  & 12 & 65 & \\
\hline
  & 1 & 4 & 4 \\
  &   & 4 & \\
\hline
  &   & 0 &
\end{array}
$$

これは次のように，割り算を行った余りで，その割り算の除数を割るという操作を繰り返すことを表している.

$$69 \div 13 = 5 \cdots 4 \ (69 = 13 \times 5 + 4), \quad 13 \div 4 = 3 \cdots 1 \ (13 = 4 \times 3 + 1)$$

$$4 \div 1 = 4 \cdots 0 \ (4 = 1 \times 4)$$

この結果，次のようになる.

$$\frac{69}{13} = 5 + \frac{4}{13} = 5 + \frac{1}{\dfrac{13}{4}} = 5 + \cfrac{1}{3 + \cfrac{1}{4}} \tag{34}$$

すなわち，商が各段の始めに並ぶ.

　この方法で $2/\sqrt{5}$ を連分数で表す. $\sqrt{5} \approx 2.23606798$ とし，2つの数を2と 2.23606798 として，上の例のように計算する. この結果得られる連分数により，(35)のように近似できる. また，$2/\sqrt{5} \approx 0.89442719$ なので，0.89442719 と 1.00000000 としてもよい.

$$\frac{2}{\sqrt{5}} \approx \cfrac{1}{1 + \cfrac{1}{8 + \cfrac{1}{2 + \cfrac{1}{8 + \cfrac{1}{2 + \cfrac{1}{8 + \cfrac{1}{2}}}}}}} = \frac{5473}{6119} \tag{35}$$

No.2　長岡蒼柴神社の算額

[掲額地]長岡市蒼柴神社 ／ [掲額年]享和元(1801)年 ／ [流派]関流 ／ [師]
太田正儀 ／ [掲額者]松村屋長右衞門・當銀屋萬六・平石屋與治兵衞 ／
[資料]賽祠神算

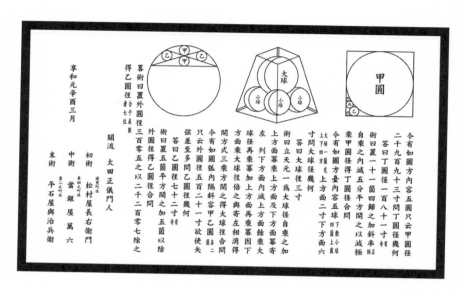

1．算額の説明

　長岡市の蒼柴神社に，この算額が保存されている．享和元（1801）年に奉納され，新潟県に現存するなかでは，柏崎市の椎谷観音堂の算額[no. 1]に次ぎ古い．蒼柴神社には他に，寛政 8（1796）年，10（1798）年，弘化 4（1847）年にも算額が奉納されたが，いずれも現存しない．

　算額は，縦 102.6cm，横 172.7cm の木製である．額文は墨跡が僅かに残るだけで判読が難しい．この算額には，「奉納」などの文字がない．「径」の旧字体「徑」の異体字が額文の中で混在している．また，図の彩色は，円および球に僅かに金色が残っているだけで背景は黒ずんでいる．金銀の装飾が施されていたと考えられている．中村時万編『賽祠神算』を参考に，この算額を復元した（**口絵-2**）．

　算額を奉納したのは長岡の商人である．道脇義正，八田健二著『新潟の算

額』には，松村屋長右衛門は長岡市文治町松村氏の先祖，当銀屋万六は長岡市本町2丁目当万屋商店多田氏の先祖，平石屋与次兵衛は長岡市本町2丁目平石氏の先祖とある．師の太田正儀は長岡藩勘定方役人で，関流宗統五伝日下誠の門人である．付録「和算の流派および越後の和算家」参照．

算額の問題は，図形の問題が3題である．当時の解法を推測する．第3問は，図形と関連した最大最小問題であり，柏崎市の椎谷観音堂の算額[no.1]の第1問と類似した問題である．

2. 額文の解説

第1問

[書下し文]

今，図の如く，方の内に五円を容るる有り．只云ふ，甲円径二千九百九十三寸．丁円径幾何と問ふ．

答へて曰く，丁円径一百八十一寸奇有り[*1]．

術に曰く，十一箇を置き，これを四帰し，斜率を加へ，極と名づく．これを自乗し，内，五分を減ず．平方にこれを開きて以て極を減ず．甲円径を乗じ，丁円径を得て問ひに合す．

[現代語訳]

図のように，正方形の中に5個の円がある．ただし，甲円の直径は2993寸とする．丁円の直径はいくらか．

答．丁円の直径は181寸と少しある．

術．11を4で割って，$\sqrt{2}$を加え，極と名づける．これを2乗し，これから1/2を引く．この平方根を取り，それを極から引く．甲円の直径aを掛けて，丁円の直径zを得る．答えは題意に合う．

$$z = \left\{ \frac{11}{4} + \sqrt{2} - \sqrt{\left(\frac{11}{4} + \sqrt{2}\right)^2 - \frac{1}{2}} \right\} a$$

第2問

[書下し文]

今，図の如く，方台の内に五球を容るる有り．下に小球四箇を敷き，上に大球一箇を載せ，上下四方に充つ．上方面二寸，下方面六寸．大球径幾何と問ふ．

答へて曰く，大球径三寸.

術に曰く，天元の一を立て大球径とす．これを自乗し，上方面の冪を加へ，上方面及び下方面の冪を乗じ，左に寄す．下方面を列し，内，上方面を減ず．余りに大球径の再乗冪を乗じ，上方面再乗冪因下方面を加へ*2，大球径を乗じ，これを倍す．左に寄せたると相消し，開方式を得．三乗方にこれを開き，大球径を得て問ひに合す．

[現代語訳]

図のように，角錐台の中に5個の球がある．下に小球4個があり，その上に大球1個を乗せ，上下四方に接している．上の正方形の1辺は2寸，下の正方形の1辺は6寸とする．大球の直径はいくらか．

答．大球の直径は3寸である．

術．大球の直径を未知数 x とする．これを2乗し，上の正方形の辺 a の2乗を加え，上の正方形の辺 a と下の正方形の辺 b の2乗を掛け，左に寄せる．下の正方形の辺 b を置き，これから上の正方形の辺 a を引く．余りに大球の直径 x の3乗を掛け，上の正方形の辺 a の3乗掛ける下の正方形の辺 b を加え，大球の直径 x を掛け，これを2倍する．左に寄せたものからこれを引いて，方程式を得る．この4次方程式を解いて，大球の直径 x を得る．答えは題意に合う．

$$ab^2(x^2 + a^2) - 2x\{(b-a)x^3 + a^3b\} = 0$$

第3問

[書下し文]

今，図の如く，弧の内に斜を隔て，甲乙円各二箇を容るる有り．只云ふ，外円径五百二十一寸．矢弦の差をして至多にせしめんと欲す．乙円径幾何と問ふ．

答へて曰く，乙円径七十二寸奇有り．

術に曰く，五箇を置き，平方にこれを開く．五箇を加へて以て外円径を除し，乙円径を得て問ひに合す．

略術に曰く，外円径を置き，これを三百零五たびし，二千二百零七を以てこれを除し，乙円径を得．真数に合ふところは七位．

[現代語訳]

図のように，弧の中に斜線を隔て甲円と乙円が 2 個ずつある．ただし，外円の直径は 521 寸とする．矢と弦との差を最大にするとき，乙円の直径はいくらか．

答．乙円の直径は 72 寸と少しある．

術．5 の平方根を取って 5 を加え，それで外円の直径 r を割って，乙円の直径 x を得る．答えは題意に合う．

略術．外円の直径 r を 305 倍し，2207 で割って，乙円の直径 x を得る．真数とは 7 位まで一致する．

$$x = \frac{r}{5 + \sqrt{5}} \approx \frac{305}{2207} r$$

3．術の解説
第 1 問

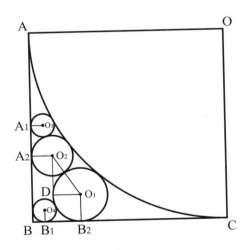

図-1

図-1 のように，甲円を O，乙円を O_1，丙円を O_2，丁円を O_3, O_4 とする．また，O_3, O_2 から辺 AB に引いた垂線を，それぞれ，O_3A_1, O_2A_2 とし，O_4, O_1 から辺 BC に引いた垂線を，それぞれ，O_4B_1, O_1B_2 とする．更に，O_1 から辺 AB に引いた垂線と O_2 から辺 BC に引いた垂線との交点を D とする．

a ：甲円 O の直径，　x ：乙円 O_1 の直径

y ：丙円 O_2 の直径，　z ：丁円 O_3, O_4 の直径

とおく．

公式を用いて[*3]，　$AA_2 = AA_1 + A_1A_2$　より

$$\sqrt{ay} = \sqrt{az} + \sqrt{yz} \tag{1}$$

$BC = BB_1 + B_1B_2 + B_2C$　より

$$\frac{a}{2} = \frac{z}{2} + \sqrt{zx} + \sqrt{ax} \tag{2}$$

ΔO_1DO_2 について

$$O_1D = \frac{a}{2} - \frac{y}{2} - \sqrt{ax} ， \quad O_2D = \frac{a}{2} - \frac{x}{2} - \sqrt{ay} ， \quad O_1O_2 = \frac{x}{2} + \frac{y}{2}$$

三平方の定理より[*4]

$$(\frac{x}{2} + \frac{y}{2})^2 = (\frac{a}{2} - \frac{y}{2} - \sqrt{ax})^2 + (\frac{a}{2} - \frac{x}{2} - \sqrt{ay})^2$$

これを整理すると

$$xy = a^2 - 2\sqrt{a}(\sqrt{x} + \sqrt{y})(a - \sqrt{xy}) + a(x + y) \tag{3}$$

（1）より

$$y = \frac{az}{(\sqrt{a} - \sqrt{z})^2} \tag{4}$$

（2）より

$$x = \frac{1}{4}(\sqrt{a} - \sqrt{z})^2 \tag{5}$$

（4），（5）を（3）に代入して整理すると

$$a^2 + 7az - 2z^2 = (6a - 4z)\sqrt{az}$$

両辺を2乗して整理すると

$$(2z^2 - 11az + a^2)^2 = 32a^2z^2$$

したがって

$$2z^2 - (11 + 4\sqrt{2})az + a^2 = 0 \tag{6}$$

または

$$2z^2 - (11 - 4\sqrt{2})az + a^2 = 0 \tag{7}$$

図-1 より，対角線 BO を考えると

$$\frac{\sqrt{2}}{2}z + \frac{z}{2} + \frac{a}{2} < \frac{\sqrt{2}}{2}a \tag{8}$$

すなわち

$$0 < z < (3 - 2\sqrt{2})a \tag{9}$$

(6) の小さい方の解が (9) を満たすので[*5]，(6) を解いて[*6]

$$z = \left\{ \frac{11}{4} + \sqrt{2} - \sqrt{(\frac{11}{4} + \sqrt{2})^2 - \frac{1}{2}} \right\}a \tag{10}$$

これが術で述べられている．今，$a = 2993$ なので，$z \approx 181.00007$．

第2問

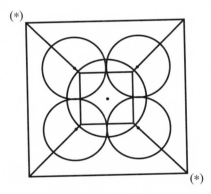

(*)

(*)

図-2 平面図

図-3, 4 のように，大球を O，小球を O' とし，A, A', B, C, D を定める．また，他の小球を E とし，O から直線 $A'D$ に引いた垂線を OF，O' から直線 CD に引いた垂線を $O'G$ とする．

　　a：上の正方形の一辺，　b：下の正方形の一辺

　　x：大球 O の直径，　y：小球 O' の直径

とおく．

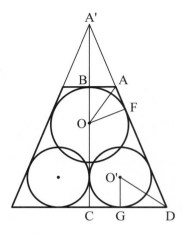

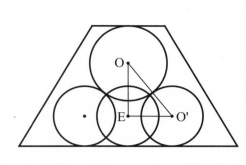

図-3 正面図　　　　　　　　　　図-4 (∗) 方向の側面図

図-3 において，$\triangle OFA \backsim \triangle DGO'$ より[*7]，$AF : OF = O'G : DG$ ． すなわち，

$$\frac{a}{2} : \frac{x}{2} = \frac{y}{2} : \frac{1}{2}(b-y)$$

したがって

$$y = \frac{ab}{x+a} \tag{11}$$

図-4 において

$$EO' = \frac{\sqrt{2}y}{2}, \quad OO' = \frac{x+y}{2}$$

$$OE = \sqrt{(OO')^2 - (EO')^2} = \frac{1}{2}\sqrt{x^2 + 2xy - y^2}$$

したがって，図-3 において

$$A'C = \frac{b}{b-a}BC = \frac{b}{2(b-a)}(x+y+\sqrt{x^2+2xy-y^2}) \tag{12}$$

$\triangle A'CD$ について，公式より[*8]

$$\frac{b}{2} = \frac{y\left\{\dfrac{b(x+y+\sqrt{x^2+2xy-y^2})}{2(b-a)} - \dfrac{y}{2}\right\}}{\dfrac{b(x+y+\sqrt{x^2+2xy-y^2})}{2(b-a)} - y} \tag{13}$$

これを整理すると

$$b(b-2y)\sqrt{x^2+2xy-y^2} = 2y(b-y)(b-a) - b(x+y)(b-2y) \tag{14}$$

これに(11)を代入し，両辺を2乗して整理すると

$$ab^2(x^2+a^2) - 2x\{(b-a)x^3 + a^3b\} = 0 \tag{15}$$

これが術で述べられている．今，$a=2$，$b=6$なので，(15)に代入して，
$x^4 - 9x^2 + 12x - 36 = 0$．因数分解して[*9]

$$(x-3)(x^3+3x^2+12) = 0 \tag{16}$$

これより，$x=3$を得る．

第3問

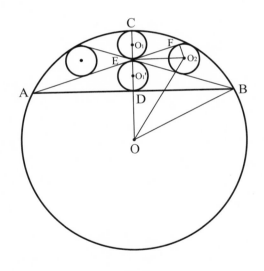

図-5

図-5のように，外円をO，弦をAB，甲円をO_1, O_1'，乙円をO_2とし，甲円
O_1と外円Oとの接点をC，甲円O_1'と弦ABとの接点をDとする．また，
Eは2斜線の交点，Fは乙円O_2と斜線との接点とする．

　　$a = AB$：弦，$b = CD$：矢
　　r：外円Oの直径，x：乙円O_2の直径

とおく.

　最初に，矢弦の差 $a-b$ を最大にする a, b を求める．これは，椎谷観音堂の算額[no. 1]の第 1 問と同じであり

$$a = AB = \frac{2\sqrt{5}}{5}r, \quad b = CD = \frac{5-\sqrt{5}}{10}r \tag{17}$$

　次に，乙円の直径 x を求める．

図-5 において，$\triangle OEO_2$ は直角三角形なので，三平方の定理より

$$OE^2 + EO_2{}^2 = OO_2{}^2 \tag{18}$$

ここで

$$OO_2 = \frac{r}{2} - \frac{x}{2} \tag{19}$$

また，E は CD の中点なので

$$OE = OC - EC = OC - \frac{1}{2}CD = \frac{5+\sqrt{5}}{20}r \tag{20}$$

一方，$\triangle ADE \backsim \triangle EFO_2$ より

$$\frac{AE}{DE} = \frac{EO_2}{FO_2}$$

(17) より

$$\frac{EO_2{}^2}{FO_2{}^2} = \frac{AE^2}{DE^2} = \frac{AD^2 + DE^2}{DE^2} = \frac{(\frac{1}{2}AB)^2 + (\frac{1}{2}CD)^2}{(\frac{1}{2}CD)^2} = 7 + 2\sqrt{5}$$

したがって

$$EO_2{}^2 = \frac{7+2\sqrt{5}}{4}x^2 \tag{21}$$

(19)，(20)，(21) を (18) に代入して整理すると

$$20(3+\sqrt{5})x^2 + 20rx + (\sqrt{5}-7)r^2 = 0$$

これを解く[*6]．$x > 0$ なので

$$x = \frac{5-\sqrt{5}}{20}r = \frac{r}{5+\sqrt{5}} \tag{22}$$

これが術で述べられている．今，$r = 521$ なので $x \approx 72.00042917$．また

$$\frac{1}{5+\sqrt{5}} \approx \frac{305}{2207} \tag{23}$$

で近似すると[*10]．$x \approx 72.00045310$．これが略述に述べられている．ただし，略述では7位まで一致するとあるが，一致するのは6位までである．

注

*1 有奇でもよい．戸田芳郎監修『全訳漢辞海』の例文に拠った．

*2 千葉胤秀著『算法新書』では，甲因乙は，そのまま甲因乙，あるいは甲の因乙などとしている．甲掛ける乙という意味である．大矢真一著『和算入門』参照．

*3 山本賀前著『算法助術』の第40番の公式である．柏崎椎谷観音堂の算額[no. 1]の注6参照．

*4 三平方の定理は，公式として和算ではよく使われる．第3部 和算入門（3.1 鉤股弦）参照．

*5 $f(z) = 2z^2 - (11 + 4\sqrt{2})az + a^2$ とおくと

$$f(0) = a^2 > 0, \quad f((3 - 2\sqrt{2})a) = (18 - 14\sqrt{2})a^2 < 0$$

グラフを考えると，(6)の小さい方の解が(9)を満たすことが分かる．また，$g(z) = 2z^2 - (11 - 4\sqrt{2})az + a^2$ とおくと

$$g(0) = a^2 > 0, \quad g((3 - 2\sqrt{2})a) = (-14 + 10\sqrt{2})a^2 > 0$$

$$(3 - 2\sqrt{2})a < (11 - 4\sqrt{2})a/4$$

同様にして，(7)の解は(9)を満たさないことが分かる．

*6 加藤平左エ門著『和算ノ研究 方程式論』によれば，2次方程式 $c - bx + ax^2 = 0$ の解を得る式として，次のようなものが知られていた．

$$\left\{ \frac{b}{2} \pm \sqrt{\left(\frac{b}{2}\right)^2 - ac} \right\} - ax = 0, \quad c - \left\{ \frac{b}{2} \mp \sqrt{\left(\frac{b}{2}\right)^2 - ac} \right\} x = 0 \tag{24}$$

これを解けば，それぞれ

$$x = \frac{\dfrac{b}{2} \pm \sqrt{\left(\dfrac{b}{2}\right)^2 - ac}}{a}, \quad \frac{c}{\dfrac{b}{2} \mp \sqrt{\left(\dfrac{b}{2}\right)^2 - ac}} \tag{25}$$

*7 相似記号を用いて説明したが，和算では，明らかに相似であることが

分かる三角形について，直接，比例関係を述べる．

　*8 山本賀前著『算法助術』の第 7 番の公式である．図-6 のように，2 辺の長さが a, b の直角三角形に直径 r の円が内接している．このとき

$$b = \frac{r(a - \frac{r}{2})}{a - r} \tag{26}$$

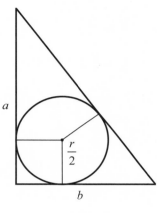

図-6

これは，図-6 において

$$\sqrt{a^2 + b^2} = a + b - r \tag{27}$$

が成り立つことから容易に証明できる．

　*9 天元術で解くことができる．第 3 部 和算入門（2. 方程式）参照．和算では，巧みに因数分解をすることもある．例えば，『日本の数学－何題解けますか？（下）』の例題 8.4 参照．

　*10 $1/(5 + \sqrt{5}) \approx 0.13819660$ として，柏崎椎谷観音堂の算額[no.1]の注 9 と同様に連分数で表して近似すると

$$\frac{1}{5 + \sqrt{5}} \approx \cfrac{1}{7 + \cfrac{1}{4 + \cfrac{1}{4 + \cfrac{1}{4 + \frac{1}{4}}}}} = \frac{305}{2207} \tag{28}$$

No.3 三島根立寺の算額

[掲額地]長岡市（旧三島郡三島町）上岩井根立寺／[掲額年]嘉永2(1849)年／[流派]関流／[師]安立敬／[掲額者]小林重克・矢川政平／[資料]－

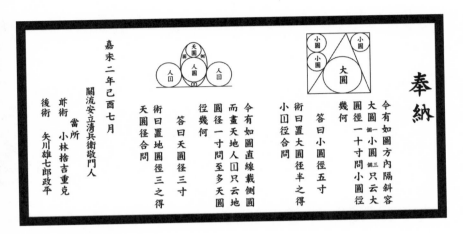

左側縦書き（右から左へ）：

嘉永二年己酉七月

関流安立清兵衛敬門人

當所　小林捨吉重克
後術　矢川雄七郎政平
前術

術日置地圓径三之得
天圓径合問

答日天圓径三寸

圓径幾何
圓径一寸問至多天圓
而盡天地人囗只云地
今有如圖直線截側圓

小囗径合問
術日置大圓径半之得

答日小圓径五寸

幾何
圓径一十寸問小圓径
大圓　小圓個三只云大
今有如圖方内隔斜容

奉納

1．算額の説明

　嘉永 2 (1849) 年，長岡市（旧三島郡三島町）上岩井の根立寺（こんりゅうじ）に算額が奉納され，現在も観音堂内に掲げられている．

　算額は，縦 63.4cm，横 116.4cm の木製である．保存状態は良いが，全体にくすんでいる．額文では，旧字体「徑」，「圓」とその異体字が混在している．また，図には金箔の装飾が施されている．この算額を復元した（**口絵-3**）．

　算額を奉納した小林重克（こばやししげかつ）と矢川政平（やがわまさひら）は，ともに上岩井の人である．師の安立敬（あだちたかし）も上岩井の人で，関流宗統六伝内田恭（せきりゅうそうとう うちだきょう）（五観）（いつみ）の門人である．付録「和算の流派および越後の和算家」参照．同年，近くの諏訪神社にも算額が奉納されており，当時，三島では数学の研究が盛んだったことが窺える．

　算額の問題は，図形の問題が2題である．第1問は，正方形と4個の円の問題である．当時の解法を推測する．第2問は，楕円の問題である．この楕円の問題は，天保 4 (1833) 年に名古屋市の七つ寺観音堂に奉納された算額の問題と同一であり，また，後の元治 2 (1865) 年に岐阜県大垣市の明星輪寺（みょうじょうりんじ）に奉納された算額の問題とも同一である．深川英俊解説・監修

『図録 庶民の算術』によれば，明星輪寺の算額は現存しており，河合澤という 16 歳の少女が解いたということである．名古屋藩士の吉田為幸著『張州神壁』に，この問題の当時の解法が記されている．

2．額文の解説

第1問

［書下し文］

今，図の如く，方の内に斜を隔て，大円一個小円三個を容るる有り．只云ふ，大円径一十寸．小円径幾何と問ふ．

　答へて曰く，小円径五寸．

　術に曰く，大円径を置き，これを半ばし，小円径を得て問ひに合す．

［現代語訳］

図のように，正方形の中に斜線を隔て，大円 1 個と小円 3 個がある．ただし，大円の直径は 10 寸とする．小円の直径はいくらか．

　答．小円の直径は 5 寸である．

　術．大円の直径 x を1/2にして，小円の直径 y を得る．答えは題意に合う．

$$y = \frac{x}{2}$$

第 2 問

［書下し文］

今，図の如く，直線に側円を載せて，天地人円を画く有り．只云ふ，地円径一寸．至多天円径幾何と問ふ．

　答へて曰く，天円径三寸．

　術に曰く，地円径を置き，これを三たびし，天円径を得て問ひに合す．

［現代語訳］

図のように，直線上に楕円と天，地，人の円がある．ただし，地円の直径は 1 寸とする．極大となる天円の直径はいくらか．

　答．天円の直径は 3 寸である．

　術．地円の直径 r_3 を3倍して，天円の直径 r_1 を得る．答えは題意に合う．

$$r_1 = 3r_3$$

3．術の解説

第1問

図-1 のように，正方形を $ABCD$，斜線を BG, CG，大円を O_1，小円を O_2, O_3, O_4 とし，O_1 から辺 BC，斜線 CG に引いた垂線を，それぞれ，O_1E, O_1E'，O_2 から辺 AD, CD に引いた垂線を，それぞれ，O_2F, O_2F' とする．

$\quad a$：正方形 $ABCD$ の1辺の長さ

$\quad s = BE$，$t = AG$，r：大円 O_1 の直径，x：小円 O_2, O_3, O_4 の直径

とおく．

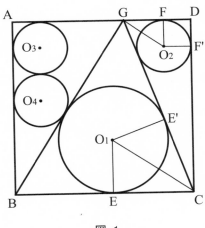

図-1

図-1 において，$\triangle CEO_1 \backsim \triangle GFO_2$ より[1]，$O_1E : CE = O_2F : GF$，すなわち

$$\frac{r}{2} : (a-s) = \frac{x}{2} : (a - t - \frac{x}{2})$$

したがって

$$2ar - 2tr - rx - 2ax + 2sx = 0 \tag{1}$$

円外の1点から円に引いた2つの接線の長さは等しいので

$$CG = (CD - F'D) + (AD - AG - FD) = 2a - t - x \tag{2}$$

また，（2）より

$$BG = (CG - CE') + BE = a + 2s - t - x \tag{3}$$

ΔBCG の面積を求めると[*2]

$$\frac{1}{4}ar + \frac{1}{4}(2a - t - x)r + \frac{1}{4}(a + 2s - t - x)r = \frac{1}{2}a^2 \tag{4}$$

したがって

$$rx - 2ar - sr + tr + a^2 = 0 \tag{5}$$

同様に, ΔABG の面積を求めると

$$\frac{1}{4}ax + \frac{1}{4}(a + 2s - t - x)x + \frac{1}{4} \cdot 3tx = \frac{1}{2}at \tag{6}$$

したがって

$$x^2 - 2ax - 2sx - 2tx + 2at = 0 \tag{7}$$

また, ΔCDG の面積を求めると

$$\frac{1}{4}ax + \frac{1}{4}(a - t)x + \frac{1}{4}(2a - t - x)x = \frac{1}{2}a(a - t) \tag{8}$$

したがって

$$x^2 - 4ax + 2tx + 2a^2 - 2at = 0 \tag{9}$$

$(5) \times 2 + (1)$ より, t を消去して

$$rx - 2ar - 2ax - 2s(r - x) + 2a^2 = 0 \tag{10}$$

$(7) + (9)$ を 2 で割って, t を消去して

$$x^2 - 3ax - sx + a^2 = 0 \tag{11}$$

$(10) \times x + (11) \times \{-2(r - x)\}$ より, s を消去して

$$-r(x^2 - 4ax + 2a^2) + 2x(x^2 - 4ax + 2a^2) = 0 \tag{12}$$

これを因数分解して[*3]

$$(2x - r)(x^2 - 4ax + 2a^2) = 0 \tag{13}$$

題意より, $0 < x < a/2$ なので

$$x^2 - 4ax + 2a^2 > 0 \tag{14}$$

が成り立つ*4. したがって

$$x = \frac{r}{2} \tag{15}$$

これが術で述べられている. 今, $r = 10$ なので $x = 5$.

第2問

吉田為幸著『張州神壁』に「所掲于尾州七ツ寺観音堂者一事」として記されている解法を紹介する.

図-2 のように, 楕円を O, 天円を O_1, 人円を O_2, O_4, O_5, 地円を O_3 とする. また, 楕円 O, 円 O_2, 円 O_5 の接点を P, 直線と楕円 O, 直線と円 O_5 との接点を, それぞれ, S, T とする. 更に, P, O_5 から楕円の長軸に引いた垂線を, それぞれ, PQ, O_5R とする.

a：楕円 O の長軸, b：楕円 O の短軸

r_1：天円 O_1 の直径, r_2：人円 O_2, O_4, O_5 の直径, r_3：地円 O_3 の直径

とおく.

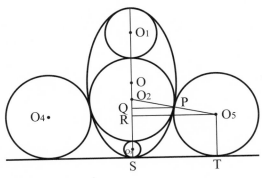

図-2

次の等式が成り立つ*5.

$$r_1 = \frac{b^2}{a} \tag{16}$$

$$r_2 = 3r_1 - \frac{4r_1^2}{a} \tag{17}$$

$$r_3^2 = \frac{b^2(b^2 - r_2^2)}{a^2 - b^2} \tag{18}$$

— 35 —

(16)，(17)，(18) より*6

$$r_3{}^2 = r_1{}^2 - \frac{8r_1{}^3}{a} + \frac{16r_1{}^4}{a^2} \qquad (19)$$

これを平方に開いて*7

$$r_3 = -r_1 + \frac{4r_1{}^2}{a} \qquad (20)$$

したがって

$$4r_1{}^2 - a(r_1 + r_3) = 0 \qquad (21)$$

すなわち

$$a = \frac{4r_1{}^2}{r_1 + r_3} \qquad (22)$$

また，(17)，(20) より

$$r_2 = 2r_1 - r_3 \qquad (23)$$

図-2 より

$$r_1 + r_2 + r_3 - a = 0 \qquad (24)$$

(22)，(23)，(24) より

$$r_1 = 3r_3 \qquad (25)$$

これが術で述べられている．今，$r_3 = 1$ なので $r_1 = 3$ ．

注

*1 相似記号を用いて説明したが，和算では，明らかに相似であることが分かる三角形について，直接，比例関係を述べる．

*2 山本賀前著『算法助術』の第 10 番に三角形の面積の公式がある．

*3 和算でも因数分解は行われた．長岡蒼柴神社の算額[no. 2]の注 9 参照．

*4 $f(x) = x^2 - 4ax + 2a^2$ とおくと

$$0 < a/2 < 2a, \quad f(0) = 2a^2 > 0, \quad f(a/2) = a^2/4 > 0$$

グラフを考えると，(14)が成り立つことが分かる．

*5 最初に，(16)について説明する．題意より天円の直径は極大である．

すなわち，天円の直径は楕円 O の長軸の端点において，楕円に内接する円の極大径である．

(16)は，『算法助術』の第 86 番の公式である．図-3 の長軸 a，短軸 b の楕円において，長軸の端点で楕円に内接する円 O_1 の極大径は

$$r_1 = \frac{b^2}{a} \tag{26}$$

である．これは曲率円の直径に等しい．

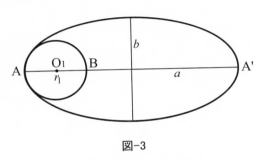

図-3

これを『算法助術解義』（金原文庫）により解説する．和算では，楕円は円柱を平面で切断してできる図形である．

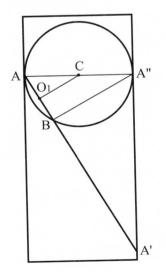

図-4

　底円の直径が b の円柱があり，球 C が内接しているとする．$AA''=b$ となる接点を A, A'' とし，円柱の側面上に A' を直線 $A'A''$ が底円に垂直で $AA'=a$ となるように取る．$\Delta AA'A''$ に垂直で，A と A' を通る平面で円柱を切断する．この断面図が図-3 であり，図-4 は側面図である．円 O_1 の直径 $r_1 = AB$ は，長軸 a，短軸 b の楕円において，長軸の端点で楕円に内接する円の極大径である．上掲書では立体図を描いているが，ここでは簡略化して側面図とした（以下同様である）．

　図-4 において，$\Delta ABA'' \backsim \Delta AA''A'$ より，$AB:AA''=AA'':AA'$．ここで，$AB=r_1$，$AA''=b$，$AA'=a$ なので，(26) が得られる．

　次に (17) について説明する．『算法助術』の第 87 番の公式より，図-5 の長軸 a，短軸 b の楕円 O において，直径 r_1 の円 O_1 と直径 r_2 の円 O_2 がともに楕円に 2 点で内接し，また互いに接するとき

$$-a^2 r_1 + a^2 r_2 + 2b^2 r_1 - 2b\sqrt{(a^2-b^2)(b^2-r_1{}^2)} = 0 \tag{27}$$

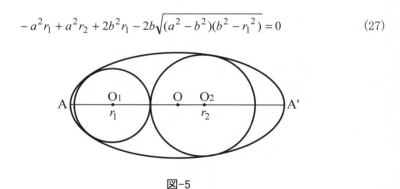

図-5

　これも上掲書により解説する．
底円の直径が b の円柱に，球 C_1, C_2 が内接し互いに交わっているとする．A, A'' は円柱の側面上にあり，直線 AA'' は底円に平行で $AA''=b$ とする．そして，円柱の側面上に A' を直線 $A'A''$ が底円に垂直で $AA'=a$ となるように取る．この円柱を図-4 と同様に切断する．この断面図が図-5 であり，図-6 は側面図である．

　図-6 において，$\Delta C_1 D C_2$ は直角三角形とする．$C_2 D - O_2 D = C_2 O_2$ より

$$C_2 D^2 - 2C_2 D \cdot O_2 D + O_2 D^2 - C_2 O_2{}^2 = 0 \tag{28}$$

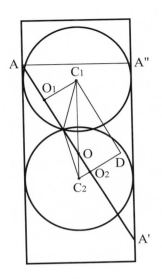

図-6

$\Delta C_1 D C_2 \backsim \Delta A' A'' A$ より，　$C_1 D : C_2 D = A' A'' : AA''$．ここで

$$C_1 D = \frac{r_1 + r_2}{2}, \quad A' A'' = \sqrt{a^2 - b^2}, \quad AA'' = b$$

なので

$$C_2 D = \frac{b(r_1 + r_2)}{2\sqrt{a^2 - b^2}} \tag{29}$$

また

$$O_2 D = O_1 C_1 = \sqrt{(\frac{b}{2})^2 - (\frac{r_1}{2})^2} \tag{30}$$

$$C_2 O_2 = \sqrt{(\frac{b}{2})^2 - (\frac{r_2}{2})^2} \tag{31}$$

(29)，(30)，(31)を(28)に代入して

$$\frac{b^2 (r_1 + r_2)^2}{4(a^2 - b^2)} - \frac{2b(r_1 + r_2)\sqrt{b^2 - r_1^2}}{4\sqrt{a^2 - b^2}} + \frac{r_2^2 - r_1^2}{4} = 0 \tag{32}$$

これを整理すると(27)が得られる．

　(26)より $b^2 = ar_1$．これを(27)に代入して，(17)が得られる．

最後に，(18)について説明する．『算法助術』の第85番の公式より，図-7 の長軸 a，短軸 b の楕円において，直径 r_2 の円 O_2 が楕円に 2 点で内接するとき

$$O_2Q = \frac{b\sqrt{b^2 - r_2{}^2}}{2\sqrt{a^2 - b^2}} \tag{33}$$

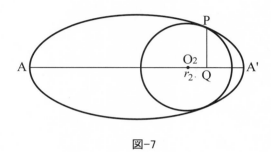

図-7

これも上掲書により解説する．

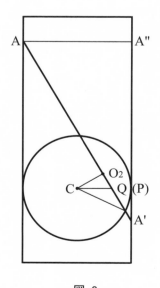

図-8

底円の直径が b の円柱に球 C が内接している．A, A'' は円柱の側面上にあり，直線 AA'' は底円に平行で $AA'' = b$ とする．そして，円柱の側面上に A' を直線 $A'A$ が底円に垂直で $AA' = a$ となるように取る．この円柱を図-4 と同様に切断する．この断面図が図-7 であり，図-8 は側面図である．

図-8 において，$\triangle CO_2Q \backsim \triangle A'A''A$ より，$CO_2 : O_2Q = A'A'' : A''A$．ここで

$$CO_2 = \sqrt{(\frac{b}{2})^2 - (\frac{r_2}{2})^2}, \, A'A'' = \sqrt{a^2 - b^2}$$

なので，(33) が成り立つ．

一方，図-2 において

$$r_3 = O_2R = 2O_2Q$$

したがって，(18) が得られる．

*6 (18) より

$$(a^2 - b^2)r_3{}^2 - b^2(b^2 - r_2{}^2) = 0 \tag{34}$$

これに，(16) と (17) を代入して整理すると

$$a^2(a - r_1)r_3{}^2 - r_1{}^2(a - r_1)(a^2 - 8ar_1 + 16r_1{}^2) = 0 \tag{35}$$

これから (19) が得られる．

*7 (19) は

$$r_3{}^2 = r_1{}^2 - \frac{8r_1{}^3}{a} + \frac{16r_1{}^4}{a^2} = (-r_1 + \frac{4r_1{}^2}{a})^2 \tag{36}$$

と表される．これより (20) が得られる．

$$r_3 = r_1 - \frac{4r_1{}^2}{a} \tag{37}$$

の場合は，(21) 以降を同様に行って，適当な解が得られないことが分かる．

No.4 　三島諏訪神社の算額

[掲額地]長岡市（旧三島郡三島町）七日市諏訪神社 ／ [掲額年]嘉永2(1849)
年 ／ [流派]関流 ／ [師]安立敬 ／ [掲額者]吉原乗義 ／ [資料]ー

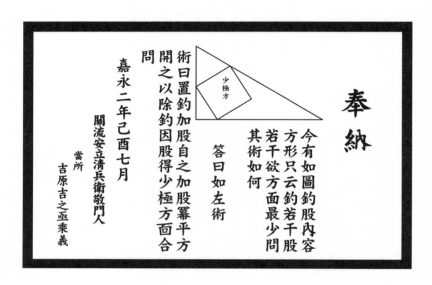

1．算額の説明

　嘉永 2 (1849) 年，長岡市（旧三島郡三島町）七日市の諏訪神社に算額が
奉納され，現在は，三島郷土資料館で展示されている．三島郷土資料館は，
他に和算書の『算法新書』，計算器具の算木なども展示されており，和算に
触れることができる貴重な場である．

　算額は，縦 72cm，横 102.5cm の木製である．保存状態は良いが，全体に
くすんでいる．額文の中の「釣」は，通常は「鉤」または「鈎」であり[*1]，
また，「面」とその異体字の「面」が混在している．図には，金箔の装飾が
施されている．この算額を復元した（**口絵-4**）．

　算額を奉納した吉原乗義は七日市の人である．師の安立敬は上岩井の人で，
関流宗統六伝内田恭（五観）の門人である．付録「和算の流派および越後
の和算家」参照．

　算額の問題は，図形の問題が 1 題である．図形と関連した最大最小問題で

ある．柏崎椎谷観音堂，長岡蒼柴神社，与板都野神社の算額にも最大最小問題があり，この種の問題への関心の高さが窺える．当時の解法を推測する．

2．額文の解説

[書下し文]

今，図の如く，鈎股の内に方形を容るるあり．只云ふ，鈎若干，股若干．方面の最少を欲す．その術如何と問ふ．

答へて曰く，左術の如し．

術に曰く，鈎を置き，股を加へ，これを自らし，股の冪を加ふ．平方にこれを開きて以て鈎因股を除し*2，少極の方面を得て問ひに合す．

[現代語訳]

図のように，直角三角形に内接する正方形がある．ただし，直角三角形の縦横の長さは任意に与えられる．正方形の1辺の長さを最小にしたい．その方法を述べよ．

答．術の通りである．

術．直角三角形の縦の長さ a に横の長さ b を加え，これを2乗し，横の長さ b の2乗を加える．この平方根を取り，それで縦の長さ a 掛ける横の長さ b を割って，最小の正方形の辺の長さ k を得る．答えは題意に合う．

$$k = \frac{ab}{\sqrt{(a+b)^2 + b^2}}$$

3．術の解説

図-1 のように，直角三角形を ΔABC とし，ΔABC に内接する正方形を $DEFG$ とする．また，G から辺 BC に引いた垂線を GI，D から直線 GI に引いた垂線を DH とする．

$a = AB$：鈎，$b = BC$：股

$x = BE$，$y = BD$，k：正方形の1辺の長さ

とおく．

最初に，図-1 のような正方形 $DEFG$ の求め方を示す．

$\Delta EBD \equiv \Delta GHD$ より，$GI = x+y$，$IC = b-y$．また，$\Delta ABC \backsim \Delta GIC$ より*3，$AB:BC = GI:IC$．すなわち，$a:b = (x+y):(b-y)$．したがって

－ 43 －

$$y = \frac{b(a-x)}{a+b} \qquad (1)$$

$x = BE$ に対して，（1）のように $y = BD$ を選べば，正方形 $DEFG$ が作られる．

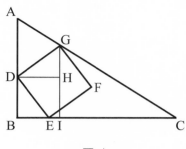

図-1

次に，図-1 のような正方形 $DEFG$ が存在するための x の範囲を求める．図-2 の場合に，x は下限 $x = 0$ を取り，図-3 の場合に x は上限を取る．x の上限を求める．

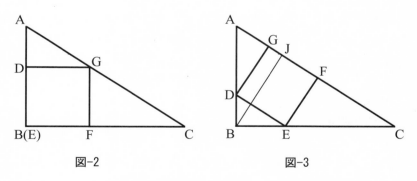

図-2   図-3

図-3 において，$\triangle AJB \backsim \triangle ABC$ より，$AB:BJ = AC:CB$．すなわち

$$BJ = \frac{AB \cdot CB}{AC} = \frac{ab}{\sqrt{a^2 + b^2}}$$

$\triangle ABC \backsim \triangle DBE$ より

$$DE = \sqrt{a^2 + b^2} \cdot \frac{x}{b}$$

$\triangle CBJ \backsim \triangle CEF$ より

$$EF = \frac{ab}{\sqrt{a^2+b^2}} \cdot \frac{b-x}{b}$$

$DE = EF$ より

$$x = \frac{ab^2}{a^2+ab+b^2}$$

したがって，x の範囲は

$$0 \leqq x \leqq \frac{ab^2}{a^2+ab+b^2} \tag{2}$$

であることが分かる.

次に，k の最小値を求める[*4].

三平方の定理より[*5]

$$k^2 = x^2 + y^2 \tag{3}$$

したがって

$$x^2 + y^2 - k^2 = 0 \tag{4}$$

(1)を(4)に代入して整理すると

$$\{(a+b)^2+b^2\}x^2 - 2ab^2x + a^2b^2 - (a+b)^2k^2 = 0 \tag{5}$$

適尽方級法（てきじんほうきゅうほう）により，k が極値を取るならば，(5)において x が2重解を持ち

$$2\{(a+b)^2+b^2\}x - 2ab^2 = 0 \tag{6}$$

が成り立つ．したがって

$$x = \frac{ab^2}{(a+b)^2+b^2} \tag{7}$$

これは(2)を満たすので題意に合う.

(7)を(5)に代入して

$$k^2 = \frac{a^2b^2}{(a+b)^2+b^2} \tag{8}$$

したがって

$$k = \frac{ab}{\sqrt{(a+b)^2+b^2}} \tag{9}$$

これが術で述べられている.

　最小値となることは，*k* の値が(9)のとき(5)は 2 重解をもち，*k* の値が(9)より小さくなると，(5)は実数解を持たないことから分かる.

（補足）

　正方形の辺が最小となるとき，(1)，(7) より

$$y = \frac{ab(a+b)}{(a+b)^2 + b^2}$$

このとき，$x:y = b:(a+b)$ である.

注

*1　直角三角形の各辺の名称は，鉤（高さ），股（底辺），弦（斜辺）であるが，それぞれ，ツリ（釣りともかく），ハタバリ，ツルとも呼んだ.

*2　千葉胤秀著『算法新書』では，甲因乙は，そのまま甲因乙，あるいは甲の因乙などとしている. 甲掛ける乙という意味である. 大矢真一著『和算入門』参照.

*3　相似記号を用いて説明したが，和算では，明らかに相似であることが分かる三角形について，直接，比例関係を述べる.

*4　和算における極値問題の解法である「適尽方級法」により解いた. 現代数学での解法と比較してみる. (5)の左辺を $f(x,k)$ とおく. 柏崎椎谷観音堂の算額[no.1]の注3と同様に，k が極値を取るならば

$$\frac{\partial f}{\partial x} = 2\{(a+b)^2 + b^2\}x - 2ab^2 = 0$$

これは，(6)と一致する. 第3部 和算入門（4. 極値問題）参照. なお，(1)，(3)より，k^2 を x の式で表し，微分してもよい.

*5　三平方の定理は，公式として和算ではよく使われる. 第3部 和算入門（3.1 鉤股弦）参照.

第２部 現存しない算額

No.5 村上羽黒神社の算額

[掲額地]村上市羽黒神社 ／ [掲額年]寛政3(1791)年 ／ [流派]関流 ／ [師]
丸山良玄 ／ [掲額者]鶴見正直 ／ [資料]神壁算法・神壁算法解・越後国諸堂
社諸流奉額集

1. 算額の説明

　藤田嘉言編『神壁算法』に「所懸于越後州村上羽黒山者一事」として，寛
政 3 (1791) 年，村上市の羽黒神社に奉納された算額が集録されている．羽
黒神社は，江戸時代には羽黒山大権現と呼ばれていた．この算額は現存しな
い．これを『神壁算法』の説明文と図に基づいて復元した（口絵-5）．

　算額を奉納した鶴見正直は村上の人である．師の丸山良玄は村上藩士で，
関流の著名な和算家藤田貞資の高弟である．付録「和算の流派および越後
の和算家」参照．

　この算額の問題からは美しい結果が得られる．名古屋藩士の吉田為幸著
『神壁算法解』，また，新庄藩士の松永直英著『神壁算法解』に，この問題
の当時の解法が記されている．

　この算額は，和算の最上流の創始者会田安明編『越後国諸堂社諸流奉額

集』にも集録されている．関流と最上流の間には論争があったことが知られており，この算額もその論争に巻き込まれた．会田は，上掲書において，実際に解けたかどうか怪しいと付記で述べている．深川英俊，ダン・ソコロフスキー著『日本の数学—何題解けますか？（下）』には，この算額と吉田為幸の略解が紹介されている．

2．額文の解説

［書下し文］

今，図の如く，円の内に斜を隔て，四円を容るる有り．その中の罅にまた円を容る．すなはち，四円に切す．南円径二寸，東円径三寸，西円径四寸．北円径幾何と問ふ．

　答へて曰く，北円径一十二寸．

　術に曰く，東円径を置き，西円径を乗じ，極と名づく．南円径を以てこれを除して以て東西円径の和を減じ，余りを以て極を除し，北円径を得て問ひに合す．

［現代語訳］

図のように，円の中に斜線を隔て 4 個の円がある．その中のすき間にまた円があり，4 個の円に接している．南円の直径は 2 寸，東円の直径は 3 寸，西円の直径は 4 寸とする．北円の直径はいくらか．

　答．北円の直径は 12 寸である．

　術．東円の直径 r_4 に西円の直径 r_2 を乗じ，極と名づける．南円の直径 r_3 でこれを割り，それを東西円の直径 r_4 と r_2 の和から引き，余りで極を割って，北円の直径 r_1 を得る．答えは題意に合う．

$$r_1 = \frac{r_2 r_4}{(r_2 + r_4) - \dfrac{r_2 r_4}{r_3}}$$

3．術の解説

　松永直英著『神壁算法解』に記されている解法を紹介する．ただし，後半の内円に関する部分は，原文では結果のみが書かれており補った．

　図-1 のように，外円を O，北円を O_1，西円を O_2，南円を O_3，東円を O_4 とし，斜線 AC と BD との交点を P とする．また，O, O_1, O_2, O_3, O_4 から

斜線 AC に引いた垂線を，それぞれ， $OE, O_1E_1, O_2E_2, O_3E_3, O_4E_4$ とする．
更に， O から直線 $O_1E_1, O_2E_2, O_3E_3, O_4E_4$ またはその延長線上に引いた垂線
を，それぞれ， OF_1, OF_2, OF_3, OF_4 とする．

r ：外円 O の直径， r_1 ：北円 O_1 の直径， r_2 ：西円 O_2 の直径

r_3 ：南円 O_3 の直径， r_4 ：東円 O_4 の直径

$$\frac{h}{2} = OE, \quad \frac{s}{2} = PE, \quad \frac{t_1}{2} = PE_1, \quad \frac{t_2}{2} = PE_2, \quad \frac{t_3}{2} = PE_3, \quad \frac{t_4}{2} = PE_4$$

とおく．

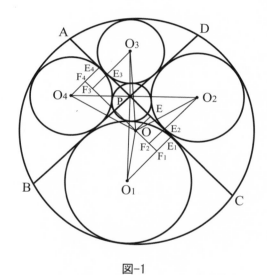

図-1

最初に， $\triangle PE_1O_1 \backsim \triangle PE_3O_3$ より[*1]， $PE_1 : O_1E_1 = PE_3 : O_3E_3$ ．したがって

$$r_1t_3 = r_3t_1 \tag{1}$$

$\triangle PE_2O_2 \backsim \triangle PE_4O_4$ より， $PE_2 : O_2E_2 = PE_4 : O_4E_4$ ．したがって

$$r_2t_4 = r_4t_2 \tag{2}$$

$\triangle PE_1O_1 \backsim \triangle O_2E_2P$ より， $PE_1 : O_1E_1 = O_2E_2 : PE_2$ ．したがって

$$r_1r_2 = t_1t_2 \tag{3}$$

$\triangle PE_1O_1 \backsim \triangle O_4E_4P$ より， $PE_1 : O_1E_1 = O_4E_4 : PE_4$ ．したがって

$$r_1 r_4 = t_1 t_4 \qquad (4)$$

次に，$\Delta OF_1 O_1$ について，三平方の定理より[*2]

$$(r_1 - h)^2 + (t_1 - s)^2 = (r - r_1)^2$$

これを整理すると

$$h^2 - 2r_1 h + (s^2 - 2st_1 + t_1{}^2 - r^2 + 2r_1 r) = 0 \qquad (5)$$

同様に，$\Delta OF_2 O_2$ について

$$(r_2 + h)^2 + (t_2 - s)^2 = (r - r_2)^2$$
$$h^2 + 2r_2 h + (s^2 - 2st_2 + t_2{}^2 - r^2 + 2r_2 r) = 0 \qquad (6)$$

同様に，$\Delta OF_3 O_3$ について

$$(r_3 + h)^2 + (t_3 + s)^2 = (r - r_3)^2$$
$$h^2 + 2r_3 h + (s^2 + 2st_3 + t_3{}^2 - r^2 + 2r_3 r) = 0 \qquad (7)$$

同様に，$\Delta OF_4 O_4$ について

$$(r_4 - h)^2 + (t_4 + s)^2 = (r - r_4)^2$$
$$h^2 - 2r_4 h + (s^2 + 2st_4 + t_4{}^2 - r^2 + 2r_4 r) = 0 \qquad (8)$$

$(5) \times r_3 + (7) \times r_1$ より

$$(r_1 + r_3)h^2 + (r_1 + r_3)s^2 + 2s(r_1 t_3 - r_3 t_1) + (r_1 t_3{}^2 + r_3 t_1{}^2)$$
$$- (r_1 + r_3)r^2 + 4r_1 r_3 r = 0 \qquad (9)$$

ここで，（1）より

$$r_1 t_3 - r_3 t_1 = 0$$
$$r_1 t_3{}^2 + r_3 t_1{}^2 = \frac{r_3{}^2 t_1{}^2}{r_1} + r_3 t_1{}^2 = r_3 t_1{}^2 \cdot \frac{r_1 + r_3}{r_1}$$

これらを用いて（9）を置き換え，$r_1 + r_3$ で割って r_1 を掛けると

$$r_1 h^2 + r_1 s^2 + r_3 t_1{}^2 - r_1 r^2 + \frac{4r_1{}^2 r_3 r}{r_1 + r_3} = 0 \qquad (10)$$

これを第1式と名づける.

また，(6)×r_4＋(8)×r_2 より

$$(r_2 + r_4)h^2 + (r_2 + r_4)s^2 + 2s(r_2 t_4 - r_4 t_2) + (r_2 t_4{}^2 + r_4 t_2{}^2)$$
$$-(r_2 + r_4)r^2 + 4r_2 r_4 r = 0 \qquad (11)$$

ここで，(2)，(3)，(4) より

$$r_2 t_4 - r_4 t_2 = 0$$

$$r_2 t_4{}^2 + r_4 t_2{}^2 = r_2 \cdot \frac{r_1{}^2 r_4{}^2}{t_1{}^2} + r_4 \cdot \frac{r_1{}^2 r_2{}^2}{t_1{}^2} = \frac{r_1{}^2 r_2 r_4}{t_1{}^2}(r_2 + r_4)$$

これらを用いて(11)を置き換え，$r_2 + r_4$ で割って $t_1{}^2$ を掛けると

$$t_1{}^2 h^2 + t_1{}^2 s^2 + r_1{}^2 r_2 r_4 - t_1{}^2 r^2 + \frac{4r_2 r_4 r t_1{}^2}{r_2 + r_4} = 0 \qquad (12)$$

これを第2式と名づける.

　第2式に r_1 を掛けたものから，第1式に $t_1{}^2$ を掛けたものを引くと

$$-r_3 t_1{}^4 + \left(\frac{4r_1 r_2 r_4 r}{r_2 + r_4} - \frac{4r_1{}^2 r_3 r}{r_1 + r_3} \right) t_1{}^2 + r_1{}^3 r_2 r_4 = 0 \qquad (13)$$

これをA式と名づける.

　次に，図-2 において，内円を O' とし，直径を r' とおく.
O を O' に替えて，図-1 と同様に，図-2 のように各垂線を定義し

$$\frac{h}{2} = O'E , \quad \frac{s}{2} = PE , \quad \frac{t_1}{2} = PE_1 , \quad \frac{t_2}{2} = PE_2 , \quad \frac{t_3}{2} = PE_3 , \quad \frac{t_4}{2} = PE_4$$

とおく．このとき，$\Delta O'F_1 O_1$ について，三平方の定理より

$$(r_1 - h)^2 + (t_1 - s)^2 = (r' + r_1)^2$$

これを整理すると

$$h^2 - 2r_1 h + \{s^2 - 2st_1 + t_1{}^2 - (r')^2 - 2r_1 r'\} = 0 \qquad (14)$$

同様に，$\Delta O'F_2 O_2$ について

$$(r_2 + h)^2 + (t_2 - s)^2 = (r' + r_2)^2$$

$$h^2 + 2r_2h + \{s^2 - 2st_2 + t_2{}^2 - (r')^2 - 2r_2r'\} = 0 \tag{15}$$

同様に，$\Delta O'F_3O_3$ について

$$(r_3 + h)^2 + (t_3 + s)^2 = (r' + r_3)^2$$

$$h^2 + 2r_3h + \{s^2 + 2st_3 + t_3{}^2 - (r')^2 - 2r_3r'\} = 0 \tag{16}$$

同様に，$\Delta O'F_4O_4$ について

$$(r_4 - h)^2 + (t_4 + s)^2 = (r' + r_4)^2$$

$$h^2 - 2r_4h + \{s^2 + 2st_4 + t_4{}^2 - (r')^2 - 2r_4r'\} = 0 \tag{17}$$

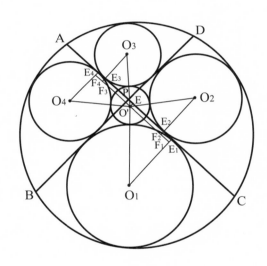

図-2

(14)～(17)は(5)～(8)の r を $-r'$ で置き換えたものに等しい．

(14)と(16)より，(10)と同様に（r を $-r'$ で置き換えればよい）

$$r_1h^2 + r_1s^2 + r_3t_1{}^2 - r_1(r')^2 - \frac{4r_1{}^2r_3r'}{r_1 + r_3} = 0 \tag{18}$$

これを第3式と名づける．

また，(15)と(17)より，(12)と同様に（r を $-r'$ で置き換えればよい）

$$t_1{}^2h^2 + t_1{}^2s^2 + r_1{}^2r_2r_4 - t_1{}^2(r')^2 - \frac{4r_2r_4r't_1{}^2}{r_2 + r_4} = 0 \tag{19}$$

これを第4式と名づける.

第4式に r_1 を掛けたものから，第3式に $t_1{}^2$ を掛けたものを引くと

$$-r_3 t_1{}^4 - \left(\frac{4r_1 r_2 r_4 r'}{r_2 + r_4} - \frac{4r_1{}^2 r_3 r'}{r_1 + r_3} \right) t_1{}^2 + r_1{}^3 r_2 r_4 = 0 \tag{20}$$

これをB式と名づける.

最後に，A式からB式を引くと

$$\left\{ \frac{4r_1 r_2 r_4 (r + r')}{r_2 + r_4} - \frac{4r_1{}^2 r_3 (r + r')}{r_1 + r_3} \right\} t_1{}^2 = 0 \tag{21}$$

したがって

$$(r_1 + r_3) r_2 r_4 - (r_2 + r_4) r_1 r_3 = 0 \tag{22}$$

r_1 について解いて

$$r_1 = \frac{r_2 r_4}{(r_2 + r_4) - \dfrac{r_2 r_4}{r_3}} \tag{23}$$

これが術で述べられている[*3]. 今，$r_2 = 4$，$r_3 = 2$，$r_4 = 3$ なので $r_1 = 12$.

注

*1 相似記号を用いて説明したが，和算では，明らかに相似であることが分かる三角形について，直接，比例関係を述べる.

*2 三平方の定理は，公式として和算ではよく使われる.　第3部 和算入門（3.1 鉤股弦）参照.

*3 (23)式より

$$\frac{1}{r_1} + \frac{1}{r_3} = \frac{1}{r_2} + \frac{1}{r_4} \tag{24}$$

という美しい結果が得られる.

No.6 長岡蒼柴神社の算額（２）

[掲額地]長岡市蒼柴神社 / [掲額年]寛政8(1796)年 / [流派]関流 / [師]
藤田貞資 / [掲額者]石垣光隆 / [資料]神壁算法・神壁算法解義

１．算額の説明

　　藤田嘉言編『神壁算法』に「所懸于越後州長岡蒼柴大明神者一事」として，
寛政 8 (1796) 年，長岡市の蒼柴神社に奉納された算額が集録されている．
この算額は現存しない．これを『神壁算法』の説明文と図に基づいて復元し
た（口絵-6）．

　　算額を奉納した石垣光隆は長岡藩士で，師の藤田貞資は関流の著名な和
算家である．後の寛政 10 (1798) 年に蒼柴神社に奉納された算額には，石
垣光隆とその門人の名前がある．付録「和算の流派および越後の和算家」参
照．

　　この算額の問題については，内田恭（五観）著『神壁算法解義』に当時の
解法が記されている．

２．額文の解説

［書下し文］

今，図の如く，円の内に梯および二円を容るる有り．上円径一寸，内斜旁斜の較四寸．下円径幾何と問ふ．

答へて曰く，下円径四寸．

術に曰く，斜較半を置きて，これを自乗す．上円径を以てこれを除し，下円径を得て問ひに合す．

［現代語訳］

図のように，円に内接する等脚台形と2個の円がある．上円の直径は1寸，内斜と傍斜との差は4寸とする．下円の直径はいくらか．

答．下円の直径は4寸である．

術．内斜 c と傍斜 d との差の 1/2 を2乗する．上円の直径 r_1 でこれを割って，下円の直径 r_2 を得る．答えは題意に合う．

$$r_2 = \frac{\left(\dfrac{c-d}{2}\right)^2}{r_1}$$

３．術の解説

内田恭著『神壁算法解義』に記されている解法を紹介する．

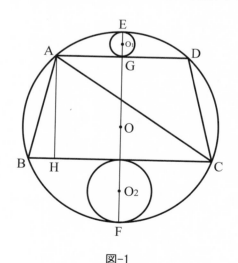

図-1

図-1 のように，外円を O，等脚台形を $ABCD$，上円を O_1，下円を O_2 と
し，円 O_1 と円 O，円 O_1 と上底 AD との接点を，それぞれ，E, G，円 O_2 と
円 O との接点を F とする．また，A から下底 BC に引いた垂線を AH とす
る．

$a = AD$：上頭（上底），$b = BC$：下頭（下底）

$c = AC$：内斜，$d = AB$：傍斜，$h = AH$：高さ

r：外円 O の直径，r_1：上円 O_1 の直径，r_2：下円 O_2 の直径

とおく．

次の等式が成り立つ[*1]．

$$r - (r_1 + r_2) = h \tag{1}$$

$$rr_1 - r_1{}^2 = \frac{a^2}{4} \tag{2}$$

$$rr_2 - r_2{}^2 = \frac{b^2}{4} \tag{3}$$

また，公式より[*2]

$$rh = cd \tag{4}$$

(1)，(4)より

$$r^2 - (r_1 + r_2)r = cd \tag{5}$$

(2)，(3)より

$$2(r_1 + r_2)r - 2r_1{}^2 - 2r_2{}^2 = 2\left(\frac{a^2}{4} + \frac{b^2}{4}\right) = \frac{(b+a)^2}{4} + \frac{(b-a)^2}{4} \tag{6}$$

更に，三平方の定理より，次の等式が成り立つ[*3]．

ΔABH について

$$\frac{(b-a)^2}{4} + h^2 = d^2 \tag{7}$$

ΔACH について

$$\frac{(b+a)^2}{4} + h^2 = c^2 \tag{8}$$

(6)の第1式と第3式の両辺に $2h^2$ を加えると，(1)，(7)，(8)より

$$2r^2 - 2(r_1 + r_2)r + 2(r_1 + r_2)^2 - 2r_1^2 - 2r_2^2 = c^2 + d^2 \qquad (9)$$

両辺から $2cd$ を引くと，（5）より

$$2(r_1 + r_2)^2 - 2r_1^2 - 2r_2^2 = c^2 - 2cd + d^2 \qquad (10)$$

これを整理すると

$$4r_1 r_2 = (c - d)^2 \qquad (11)$$

したがって

$$r_2 = \frac{\left(\dfrac{c-d}{2}\right)^2}{r_1} \qquad (12)$$

これが術で述べられている．今，$c - d = 4$，$r_1 = 1$ なので $r_2 = 4$．

注

　*1　（1）は明らかである．（2）は次のように求められる．（3）も同様．

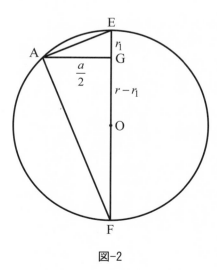

図-2

図-2 において，$\triangle AGE \backsim \triangle FGA$ より $AG : GE = FG : GA$．すなわち

$$\frac{a}{2} : r_1 = (r - r_1) : \frac{a}{2}$$

これより

$$rr_1 - r_1{}^2 = \frac{a^2}{4}$$

*2 山本賀前著『算法助術』の第 25 番の公式である．すなわち，図-3 の ΔABC において，$h = cd/r$ が成り立つ．

ここで，$h = d\sin B$ なので，$c/\sin B = r$．すなわち，この公式は，現代数学の正弦定理と同等である．

これを水野民徳著『算法助術解義』により解説する．図-3 において，四角形 $AIJC$ が長方形となるように I, J を円周上に取り，$IK /\!/ BC$ となるように K を円周上に取る．このとき，IC は直径なので，四角形 $IBCK$ は長方形になる．AH と IK との交点を L とする．

$$b_1 = BH，b_2 = CH，x = AI，y = IL$$

とおく．

図-3 において，$\Delta ALI \backsim \Delta CHA$ より，$AI:IL = CA:AH$．すなわち，$x:y = c:h$．$y = b_1$ より $hx = cb_1$．したがって，$x:c = b_1:h$．これより，$\Delta CAI \backsim \Delta AHB$ であることが分かる．したがって，$CA:CI = AH:AB$．すなわち，$c:r = h:d$．したがって，$h = cd/r$．

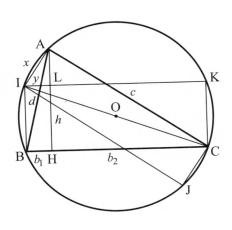

図-3

*3 図-4 において

$$CH = \frac{b+a}{2}, \ BH = \frac{b-a}{2}$$

したがって，(7)，(8)が成り立つ．三平方の定理は，公式として和算ではよく使われる．第3部 和算入門（3.1 鉤股弦）参照．

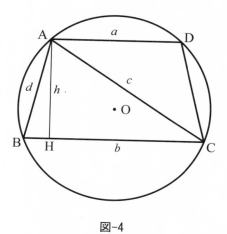

図-4

No.7 糸魚川天津神社の算額

[掲額地]糸魚川市天津神社 ／ [掲額年]寛政12(1800)年 ／ [流派]関流 ／
[師]丸山良玄 ／ [掲額者]見邉栄親 ／ [資料]続神壁算法・続神壁算法解義

奉獻

今有如左圖圓内容七圓土圓徑九分九釐金圓徑
一寸九分八釐問水圓徑幾何
答曰水圓徑五寸八分有奇
術曰置金圓徑以土圓徑
除之名東加一箇名西置
二箇平方開之名南乗西
加三箇名北置南加一箇
加東八之加西冪平方開之以減北餘以除金圓徑
得水圓徑合問

関流丸山良玄門人
北越原田邑
見邉久米次郎栄親

寛政十二年庚申三月

1．算額の説明

　藤田嘉言編『続神壁算法』に「所懸于北越糸魚川天津社者一事」として，
寛政 12（1800）年，糸魚川市の天津神社に奉納された算額が集録されてい
る．この算額は現存しない．これを『続神壁算法』の説明文と図に基づいて
復元した（**口絵-7**）．

　算額を奉納した見邉栄親は，
ば新井在の原田村の人とある．
和算家藤田貞資の高弟である．

　この算額の問題については，
当時の解法が記されている．

道脇義正，八田健二著『新潟の算額』によれ
師の丸山良玄は村上藩士で，関流の著名な
付録「和算の流派および越後の和算家」参照．
白石長忠，御粥安本著『続神壁算法解義』に

2．額文の解説

[書下し文]

今，左図の如く，円の内に七円を容るる有り．土円径九分九厘，金円径一寸九分八厘．水円径幾何と問ふ．

答へて曰く，水円径五寸八分奇有り[*1]．

術に曰く，金円径を置き，土円径を以てこれを除し，東と名づく．一箇を加へ，西と名づく．二箇を置き，平方にこれを開き，南と名づく．西を乗じ，三箇を加へ，北と名づく．南を置き，一箇を加へ，東を乗ず．これを八たびし，西冪を加ふ．平方にこれを開きて以て北を減じ，余りを以て金円径を除し，水円径を得て問ひに合す．

[現代語訳]

左図のように，円の中に7個の円がある．土円の直径は9分9厘，金円の直径は1寸9分9厘とする．水円の直径はいくらか．

答．水円の直径は5寸8分と少しある．

術．金円の直径 r_2 を土円の直径 r_5 で割って，東 a_1 と名づける．1 を加え，西 a_2 と名づける．2 の平方根を取り，南 a_3 と名づける．南 a_3 に西 a_2 を掛け，3 を加え，北 a_4 と名づける．そして，南 a_3 に 1 を加え，東 a_1 を掛ける．これを 8 倍して，西 a_2 の 2 乗を加える．この平方根を取り，それを北 a_4 から引き，余りで金円の直径 r_2 を割って，水円の直径 r_1 を得る．答えは題意に合う．

$$a_1 = \frac{r_2}{r_5} \quad (\text{東}), \quad a_2 = a_1 + 1 \quad (\text{西})$$

$$a_3 = \sqrt{2} \quad (\text{南}), \quad a_4 = a_2 a_3 + 3 \quad (\text{北})$$

$$r_1 = \frac{r_2}{a_4 - \sqrt{a_2{}^2 + 8a_1(a_3 + 1)}}$$

3．術の解説

白石長忠，御粥安本著『続神壁算法解義』に記されている解法を紹介する．図-1 のように，外円を O，水円を O_1，金円を O_2，火円を O_3, O_3'，木円を O_4, O_4'，土円を O_5 とする．また，木円 O_4 と O_4' との接点を A，火円 O_3 と O_3' との接点を B とする[*2]．

r：外円 O の直径，r_1：水円 O_1 の直径，r_2：金円 O_2 の直径

r_3：火円 O_3 の直径，r_4：木円 O_4 の直径，r_5：土円 O_5 の直径

$$AO = \frac{l}{2} , \ BO = \frac{m}{2} , \ AO_2 = \frac{p}{2} , \ BO_2 = \frac{q}{2}$$

とおく.

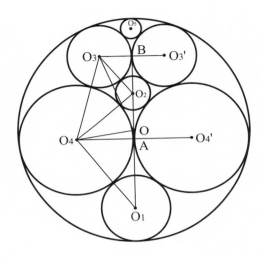

図-1

ΔOAO_4 について, 三平方の定理より[*3]

$$(\frac{r}{2} - \frac{r_4}{2})^2 - (\frac{r_4}{2})^2 = (\frac{l}{2})^2$$

したがって

$$r^2 - 2rr_4 = l^2 \tag{1}$$

ΔOBO_3 について, 三平方の定理より

$$(\frac{r}{2} - \frac{r_3}{2})^2 - (\frac{r_3}{2})^2 = (\frac{m}{2})^2$$

したがって

$$r^2 - 2rr_3 = m^2 \tag{2}$$

円 O_3, O_4 について, 公式より[*4]

$$AB = \sqrt{r_3 r_4}$$

また, 図-1 より

$$AB = \frac{l+m}{2}$$

したがって

$$4r_3r_4 = (l+m)^2 \tag{3}$$

(3)に，(1)，(2)を代入して

$$2r_3r_4 - r^2 + rr_3 + rr_4 = lm \tag{4}$$

両辺を2乗し，再び(1)，(2)を代入して

$$4r_3{}^2r_4{}^2 + 4r_3{}^2r_4r + 4r_3r_4{}^2r + r_3{}^2r^2 + r_4{}^2r^2 - 6r_3r_4r^2 = 0 \tag{5}$$

これを外矩合という．

ΔO_2AO_4 と ΔO_2BO_3 について，(1)〜(5)と同様にする．すなわち，r を $-r_2$，l を p，m を q で置き換えて，次の式が得られる．((5)の r を $-r_2$ で置き換えればよい)

$$4r_3{}^2r_4{}^2 - 4r_2r_3{}^2r_4 - 4r_2r_3r_4{}^2 + r_2{}^2r_3{}^2 + r_2{}^2r_4{}^2 - 6r_2{}^2r_3r_4 = 0 \tag{6}$$

これを内矩合という．

(5)×$r_2{}^2$ −(6)×r^2 を $4r_3r_4$ で割って

$$(r_2{}^2r_3r_4 - r_3r_4r^2) + (r_2{}^2r_3r + r_2r_3r^2) + (r_2{}^2r_4r + r_2r_4r^2) = 0 \tag{7}$$

更に，これを $r+r_2$ で割って

$$-r_3r_4(r - r_2) + r_2r_3r + r_2r_4r = 0 \tag{8}$$

これを前矩合という．

(5)×r_2 +(6)×r を $r+r_2$ で割って

$$4r_3{}^2r_4{}^2 + r_2r_3{}^2r + r_2r_4{}^2r - 6r_2r_3r_4r = 0 \tag{9}$$

(9)−(8)×r_4 を r_3 で割って

$$4r_3r_4{}^2 + r_2r_3r + (r - r_2)r_4{}^2 - 7r_2r_4r = 0 \tag{10}$$

これを后矩合という．

(8)より r_3 の式を得る．

$$r_2 r_4 r + \{r_2 r - r_4(r - r_2)\} r_3 = 0 \tag{11}$$

これを前式という.

(10) より r_3 の式を得る.

$$\{(r - r_2) r_4{}^2 - 7 r_2 r_4 r\} + (4 r_4{}^2 + r_2 r) r_3 = 0 \tag{12}$$

これを后式という.

(11)$\times(4 r_4{}^2 + r_2 r) - (12)\times\{r_2 r - r_4(r - r_2)\}$ を r_4 で割って

$$8 r_2{}^2 r^2 - 8 r_2 r_4 r(r - r_2) + r_4{}^2(r + r_2)^2 = 0 \tag{13}$$

これを原矩合という.

$\Delta O_1 A O_4$ について，三平方の定理より

$$(OO_1 - AO)^2 + (OO_4{}^2 - AO^2) = O_1 O_4{}^2$$

ここに

$$AO = \frac{l}{2}, \quad OO_1 = \frac{r}{2} - \frac{r_1}{2}, \quad OO_4 = \frac{r}{2} - \frac{r_4}{2}, \quad O_1 O_4 = \frac{r_1}{2} + \frac{r_4}{2}$$

を代入して整理すると

$$r - \frac{r_4(r + r_1)}{r - r_1} = l \tag{14}$$

両辺を 2 乗し，(1) を用いて整理すると

$$-4 r_1 r(r - r_1) + r_4(r + r_1)^2 = 0 \tag{15}$$

したがって

$$r_4 = \frac{4 r_1 r(r - r_1)}{(r + r_1)^2} \tag{16}$$

(16) を (13) に代入して

$$r_2{}^2(r + r_1)^4 - 4 r_1 r_2(r - r_1)(r - r_2)(r + r_1)^2 + 2 r_1{}^2(r - r_1)^2(r + r_2)^2 = 0 \tag{17}$$

これを整理すると

$$2 r_1{}^2 r^2(r - r_1)^2 - 4 r_1 r_2 r^3(r - r_1) - 4 r_1{}^2 r_2 r^2(r - r_1) - 8 r_1{}^3 r_2 r(r - r_1)$$
$$+ r_2{}^2 r^4 + 12 r_1{}^2 r_2{}^2 r^2 - r_1{}^4 r_2{}^2 + 8 r_1 r_2{}^2 r^3 - 4 r_1{}^3 r_2{}^2 r = 0 \tag{18}$$

これに

$$(r_2{}^2 r^4 - r_2{}^2 r^4) + (8r_1{}^4 r_2{}^2 - 8r_1{}^4 r_2{}^2) + (8r_1{}^3 r_2{}^2 r - 8r_1{}^3 r_2{}^2 r) = 0 \tag{19}$$

を加えて理すると

$$2r_1{}^2 r^2 (r - r_1)^2 - 4r_1 r_2 r^3 (r - r_1) - 4r_1{}^2 r_2 r^2 (r - r_1) - 8r_1{}^3 r_2 r (r - r_1)$$

$$+ 2r_2{}^2 r^4 + 10r_1{}^2 r_2{}^2 r^2 + 8r_1{}^4 r_2{}^2 + 4r_1 r_2{}^2 r^3 + 8r_1{}^3 r_2{}^2 r$$

$$= r_2{}^2 r^4 - 2r_1{}^2 r_2{}^2 r^2 + 9r_1{}^4 r_2{}^2 - 4r_1 r_2{}^2 r^3 + 12r_1{}^3 r_2{}^2 r \tag{20}$$

両辺の平方根を求めると[*5]

$$-\sqrt{2} r_1 r (r - r_1) + \sqrt{2} r_2 r^2 + \sqrt{2} r_1 r_2 r + 2\sqrt{2} r_1{}^2 r_2 = r_2 r^2 - 2r_1 r_2 r - 3r_1{}^2 r_2 \tag{21}$$

これを整理すると

$$-\sqrt{2} r_1 r^2 + \sqrt{2} r_1{}^2 r + (\sqrt{2} - 1) r_2 r^2 + (2 + \sqrt{2}) r_1 r_2 r + (3 + 2\sqrt{2}) r_1{}^2 r_2 = 0 \tag{22}$$

$(\sqrt{2} + 1)^2$ で割って

$$-\frac{\sqrt{2} r_1 r^2}{(\sqrt{2} + 1)^2} + \frac{\sqrt{2}(\sqrt{2} - 1) r_1{}^2 r}{\sqrt{2} + 1} + \frac{(\sqrt{2} - 1) r_2 r^2}{(\sqrt{2} + 1)^2} + \frac{\sqrt{2} r_1 r_2 r}{\sqrt{2} + 1} + r_1{}^2 r_2 = 0 \tag{23}$$

$X = r / (\sqrt{2} + 1)$ の式を求めると

$$r_1{}^2 r_2 + \{\sqrt{2} r_1 r_2 + \sqrt{2}(\sqrt{2} - 1) r_1{}^2\} X + \{-\sqrt{2} r_1 + (\sqrt{2} - 1) r_2\} X^2 = 0 \tag{24}$$

これを甲式という.

　r_1 を r_5 に替えても成り立つので（4 つの円 O_1, O_2, O_4, $O_4{}'$ より得られた甲式に対して，同様に，4 つの円 O_5, O_2, O_3, $O_3{}'$ について考える）

$$r_2 r_5{}^2 + \{\sqrt{2} r_2 r_5 + \sqrt{2}(\sqrt{2} - 1) r_5{}^2\} X + \{(\sqrt{2} - 1) r_2 - \sqrt{2} r_5\} X^2 = 0 \tag{25}$$

これを乙式という.

(25)$\times r_1{}^2 - (24)\times r_5{}^2$ を $(r_5 - r_1) X$ で割って

$$-\sqrt{2} r_1 r_2 r_5 + \{\sqrt{2} r_1 r_5 - (\sqrt{2} - 1) r_2 (r_1 + r_5)\} X = 0 \tag{26}$$

これを進式という.

(24)$\times \sqrt{2} r_5 + (26)\times r_1$ を X で割って

$$\sqrt{2}{r_1}^2 r_5 - (\sqrt{2}-1)r_1 r_2(r_1+r_5) + 2r_1 r_2 r_5 + 2(\sqrt{2}-1){r_1}^2 r_5$$
$$+ \{-2r_1 r_5 + \sqrt{2}(\sqrt{2}-1)r_2 r_5\}X = 0 \tag{27}$$

これを退式という.

$(26)\times\{-2r_1 r_5 + \sqrt{2}(\sqrt{2}-1)r_2 r_5\} - (27)\times\{\sqrt{2}r_1 r_5 - (\sqrt{2}-1)r_2(r_1+r_5)\}$ を r_1 で割って

$$-2(3-\sqrt{2}){r_1}^2 {r_5}^2 + 2(5-3\sqrt{2})r_1 r_2 r_5(r_1+r_5)$$
$$-(\sqrt{2}-1)^2 {r_2}^2(r_1+r_5)^2 + 2(\sqrt{2}-1)r_1 {r_2}^2 r_5 = 0 \tag{28}$$

これを $(\sqrt{2}-1)^2 = 3 - 2\sqrt{2}$ で割って

$$-10{r_1}^2 {r_5}^2 - 6\sqrt{2}{r_1}^2 {r_5}^2 + 6{r_1}^2 r_2 r_5 + 2\sqrt{2}{r_1}^2 r_2 r_5 + 6r_1 r_2 {r_5}^2$$
$$+ 2\sqrt{2}r_1 r_2 {r_5}^2 - {r_1}^2 {r_2}^2 - {r_2}^2 {r_5}^2 + 2\sqrt{2}r_1 {r_2}^2 r_5 = 0 \tag{29}$$

これを ${r_1}^2 {r_5}^2$ で割って

$$-10 - 6\sqrt{2} + \frac{6r_2}{r_5} + \frac{2\sqrt{2}r_2}{r_5} + \frac{6r_2}{r_1} + \frac{2\sqrt{2}r_2}{r_1} - \frac{{r_2}^2}{{r_5}^2} - \frac{{r_2}^2}{{r_1}^2} + \frac{2\sqrt{2}{r_2}^2}{r_1 r_5} = 0 \tag{30}$$

一方

$$a_0 = \frac{r_2}{r_1} \quad (\text{天}), \quad a_1 = \frac{r_2}{r_5} \quad (\text{東}), \quad a_2 = a_1 + 1 \quad (\text{西})$$
$$a_3 = \sqrt{2} \quad (\text{南}), \quad a_4 = a_2 a_3 + 3 \quad (\text{北})$$

とおくと

$$a_4 - a_0 = \sqrt{2}\left(\frac{r_2}{r_5}+1\right) + 3 - \frac{r_2}{r_1} \tag{31}$$

両辺を 2 乗し, (30)を加えて整理すると

$$(a_4 - a_0)^2 = \left(\frac{r_2}{r_5}+1\right)^2 + \frac{8(1+\sqrt{2})r_2}{r_5} = {a_2}^2 + 8(a_3+1)a_1 \tag{32}$$

これから a_0 を求めると[6]

$$a_0 = a_4 - \sqrt{{a_2}^2 + 8a_1(a_3+1)} \tag{33}$$

上述の「天」の式より

$$r_1 = \frac{r_2}{a_0} = \frac{r_2}{a_4 - \sqrt{a_2{}^2 + 8a_1(a_3 + 1)}} \tag{34}$$

これが術で述べられている. 今, $r_2 = 1.98$, $r_5 = 0.99$ なので $a_1 = 2$, $a_2 = 3$, $a_3 = \sqrt{2}$, $a_4 = 3\sqrt{2} + 3$. これを (33) に代入して, $r_1 = 5.80001$ を得る.

更に, (26) より $r = 15.21$. (16) より $r_4 = 7.52$. (11) より $r_3 = 3.26$ が得られる[*7].

注

*1 有奇でもよい. 戸田芳郎監修『全訳漢辞海』の例文に拠った.

*2 『続神壁算法』, 『続神壁算法解義』ともに, 図-1 のように A が O の下に描かれている. しかし, 算額で与えられた r_2 と r_5 の条件からは, A は O の上に来る. この場合は, (3), (4), (14) の l は $-l$ になるが, 結果は同じである.

*3 三平方の定理は, 公式として和算ではよく使われる. 第3部 和算入門 (3.1 鉤股弦) 参照.

*4 山本賀前著『算法助術』の第 40 番の公式である. 柏崎椎谷観音堂の算額[no.1]の注6参照.

*5 (20) の平方根を取ると, (21) の一方の辺の符号が逆の場合も有り得る. その場合は, (22) を $(\sqrt{2}-1)^2$ で割って $X = r/(\sqrt{2}-1)$ とし, (28) を $(\sqrt{2}+1)^2$ で割れば, (31) の右辺が

$$\sqrt{2}(\frac{r_2}{r_5} + 1) - 3 + \frac{r_2}{r_1}$$

となる. このとき, $r_1 = 6.65$, $r = 0.28$, $r_4 = -0.99$, $r_3 = -0.49$ となり不適当である.

*6 もう一方の解の場合には, (34) より $r_1 = 0.14$. このとき, (26) より $r = -1.28$ となり不適当である.

*7 この結果, ΔAO_1O_4 より

$$AO_1 = 5.5, \quad OO_1 = \frac{r}{2} - \frac{r_1}{2} = 4.7$$

となり, A は O の上にあることが分かる.

No.8　三条本成寺の算額

[掲額地]三条市本成寺 ／ [掲額年]寛政12(1800)年 ／ [流派]関流 ／ [師]
神谷定令 ／ [掲額者]松下與昌 ／ [資料]続神壁算法・続神壁算法解義

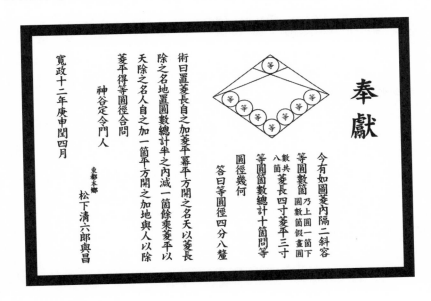

1. 算額の説明

　　藤田嘉言編『続神壁算法』に「所懸于北越蒲原郡三十番神者一事」として，
寛政 12 (1800) 年，越後蒲原郡の三十番神に奉納された算額が集録されて
いる．道脇義正，八田健二著『新潟の算額』では，この算額は三条市の本成
寺に奉納されたが，現存しないとされていた．その後に編纂された『三条市
史上巻』では，この算額は現存しているとある．しかし，残念ながら現在は
不明である．これを『続神壁算法』の説明文と図に基づいて復元した（**口絵
-8**）．

　　算額を奉納した松下與昌は江戸の人で，師の神谷定令は関流の著名な和
算家藤田貞資の高弟である．

　　この算額の問題については，白石長忠，御粥安本著『続神壁算法解義』に
当時の解法が記されている．

２．額文の解説

[書下し文]

今，図の如く，菱の内に二斜を隔て，等円数箇を容るる有り．すなはち，上円一箇，下円数箇．仮に円数ともに八箇を画く．菱長四寸，菱平三寸，等円箇数の総計十箇．等円径幾何と問ふ．

　答へて曰く，等円径四分八厘．

　術に曰く，菱長を置き，これを自らし，菱平の冪を加へ，平方にこれを開き，天と名づく．菱長を以てこれを除し，地と名づく．円数の総計を置き，これを半ばし，内，一箇を減ず．余りに菱平を乗じ，天を以てこれを除し，人と名づく．これを自らし，一箇を加へ，平方にこれを開き，地と人を加へて以て菱平を除し，等円径を得て問ひに合す．

[現代語訳]

図のように，菱形の中に２直線を隔て，等円が数個ある．上円が１個，下円が数個で，仮に全部で８個として画く．菱形の長い対角線は４寸，短い対角線は３寸，等円の総計は 10 個とする．等円の直径はいくらか．

　答．等円の直径は４分８厘である．

　術．菱形の長い対角線 a を２乗して，菱形の短い対角線 b の２乗を加え，この平方根を取り，天 X と名づける．菱形の長い対角線 a でこれを割って，地 Y と名づける．円数の総計 N の $1/2$ から１を引く．余りに菱形の短い対角線 b を掛け，天 X で割って，人 Z と名づける．これを２乗し，１を加え，この平方根を取り，地 Y と人 Z を加え，それで菱形の短い対角線 b を割って，等円の直径 r を得る．答えは題意に合う．

$$X = \sqrt{a^2 + b^2} \quad (\text{天}), \quad Y = \frac{X}{a} \quad (\text{地}), \quad Z = \frac{b}{X}\left(\frac{N}{2} - 1\right) \quad (\text{人})$$

$$r = \frac{b}{\sqrt{Z^2 + 1} + Y + Z}$$

３．術の解説

　白石長忠，御粥安本著『続神壁算法解義』に記されている解法を紹介する．図-1 のように，菱形を $ABCD$，斜線を BF，DE，等円を $O_1, O_2, \cdots, O_N$ とする．また，対角線 AC と BD との交点を G とする．更に，O_1 から辺 AB, AD に引いた垂線を，それぞれ，O_1H, O_1I とし，O_2, O_k から辺 BC に

引いた垂線を，それぞれ，O_2J_2, O_kJ_k とする．

    $a = BD$：菱長，$b = AC$：菱平，$c = AB$：菱形の 1 辺の長さ

    $l = AI$，$m = EH$，$n = DI$

    r：等円 O_k の直径，N：等円の個数

とおく．

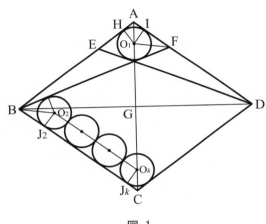

図-1

    図-1 において，$\triangle AIO_1 \backsim \triangle AGD$ より[*1]，$AI : O_1I = AG : DG$．したがって

$$l = \frac{br}{2a} \tag{1}$$

また

$$J_2J_k = (\frac{N}{2} - 1)r \tag{2}$$

$\triangle FIO_1 \equiv \triangle BJ_2O_2$，$\triangle AIO_1 \equiv \triangle CJ_kO_k$ より

$$m = EH = FI = BJ_2 = c - J_2J_k - l = c - \frac{Nr}{2} + r - \frac{br}{2a} \tag{3}$$

$$n = DI = c - l = c - \frac{br}{2a} \tag{4}$$

$\triangle AED$ について，公式より[*2]

$$-(l + m + n)r^2 + 4lmn = 0 \tag{5}$$

(1)，(3)，(4) を (5) に代入して，整理する（$2a^3$ を掛けて r で割る）と

$$4a^2bc^2 - 2Na^2bcr + 4a^2bcr - (4ab^2cr + 4a^3cr)$$

$$+ (Na^3r^2 + Nab^2r^2) - (2a^3r^2 + 2ab^2r^2) + (a^2br^2 + b^3r^2) = 0 \qquad (6)$$

ΔAGB について，三平方の定理より[*3]

$$a^2 + b^2 = 4c^2 \qquad (7)$$

(7) を用いて，(6) の a^3, b^3 を書き直す．そして $2c$ で割って

$$2a^2bc - Na^2br + 2a^2br - 8ac^2r + 2Nacr^2 - 4acr^2 + 2bcr^2 = 0 \qquad (8)$$

ここで，$X = 2c = \sqrt{a^2 + b^2}$ とおくと

$$a^2bX - (Na^2br - 2a^2br) - 2aX^2r + (NaXr^2 - 2aXr^2) + bXr^2 = 0 \qquad (9)$$

これを a^2X で割って

$$b - \frac{2b}{X}(\frac{N}{2}-1)r - \frac{2X}{a} \cdot r + \frac{2}{b} \cdot \frac{X}{a} \cdot \frac{b}{X}(\frac{N}{2}-1)r^2 + \frac{b}{a^2} \cdot r^2 = 0 \qquad (10)$$

ここで

$$Y = \frac{X}{a}, \quad Z = \frac{b}{X}(\frac{N}{2}-1)$$

とおくと

$$b - 2Zr - 2Yr + \frac{2YZ}{b} \cdot r^2 + \frac{b}{a^2} \cdot r^2 = 0 \qquad (11)$$

これより r を求める方程式を得る．

$$b - 2(Y+Z)r + (\frac{b}{a^2} + \frac{2YZ}{b})r^2 = 0 \qquad (12)$$

ここで

$$(Y+Z)^2 - (\frac{b}{a^2} + \frac{2YZ}{b})b = Y^2 + Z^2 - \frac{b^2}{a^2} = (\frac{2c}{a})^2 + Z^2 - \frac{b^2}{a^2}$$

$$= \frac{4c^2 - b^2}{a^2} + Z^2 = Z^2 + 1 \qquad (13)$$

これを用いて，(12) を解くと[*4]

$$b - (\sqrt{Z^2+1} + Y + Z)r = 0 \qquad (14)$$

したがって

$$r = \frac{b}{\sqrt{Z^2 + 1} + Y + Z} \qquad (15)$$

これが術で述べられている.今,$a=4$,$b=3$,$N=10$ なので $c=5/2$,$X=5$,$Y=5/4$,$Z=12/5$.(15)より $r=12/25=0.48$.

注

*1 相似記号を用いて説明したが,和算では,明らかに相似であることが分かる三角形について,直接,比例関係を述べる.

*2 山本賀前著『算法助術』の第 36 番の公式である.図-2 のように,$\triangle ABC$ の内接円を O とし,O から 3 辺 AB, BC, CA に引いた垂線を,それぞれ,OD, OE, OF とする.

$l=AD$,$m=BE$,$n=CF$

r:内接円 O の直径

とおく.このとき

$$-(l+m+n)r^2 + 4lmn = 0 \qquad (16)$$

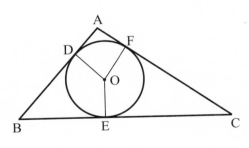

図-2

これを水野民徳著『算法助術解義』により解説する.

図-3 のように,O' は $\triangle ABC$ の傍接円とし,O' から CA の延長線上,CB の延長線上,辺 AB に引いた垂線を,それぞれ,$O'G, O'H, O'I$ とする.

$a=BC$,$b=CA$,$c=AB$

r':傍接円 O' の直径

とおく.他は上と同様にする.

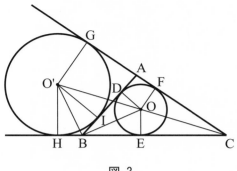

図-3

　まず，$BH = AF = l$ であることに注意する．これについては，新潟白山神社の算額 [no. 10] の注 2 で述べる．

　$\Delta O'HB \backsim \Delta BEO$ より，$O'H : BH = BE : OE$．すなわち

$$\frac{r'}{2} : l = m : \frac{r}{2}$$

したがって

$$r' = \frac{4ml}{r} \tag{17}$$

$\Delta CEO \backsim \Delta CHO'$ より，$CE : OE = CH : O'H$．すなわち

$$n : \frac{r}{2} = (l + m + n) : \frac{r'}{2}$$

したがって

$$r(l + m + n) - r'n = 0 \tag{18}$$

(18) に (17) を代入して (16) が得られる．

　ΔABC の面積は

$$S = \frac{r}{4}(a + b + c) = \frac{(l + m + n)r}{2} \tag{19}$$

したがって，(16) は

$$S^2 = (l + m + n)lmn \tag{20}$$

となり，ヘロンの公式と同等であることが分かる．

*3 三平方の定理は，公式として和算ではよく使われる．第3部 和算入門
（3.1 鉤股弦）参照．

*4 2次方程式の解の公式は知られていた．長岡蒼柴神社の算額[no.2]の
注6の(24)を用いた．題意より $a > b$ と考えると，複号のもう一方の場合は

$$r = \frac{b}{-\sqrt{Z^2+1}+Y+Z} > \frac{b}{Y} = \frac{ab}{2c} = \frac{ab}{\sqrt{a^2+b^2}} = \frac{b}{\sqrt{1+(\frac{b}{a})^2}} > \frac{b}{\sqrt{2}} > \frac{b}{2} \qquad (21)$$

したがって， $2r > b$ となり不合理である．

No.9 与板都野神社の算額

[掲額地]長岡市与板（旧三島郡与板町）都野神社 ／ [掲額年]寛政12（1800）年 ／ [流派]関流 ／ [師]米持矩章 ／ [掲額者] 片桐總盈・原村本 ／ [資料] 賽祠神算

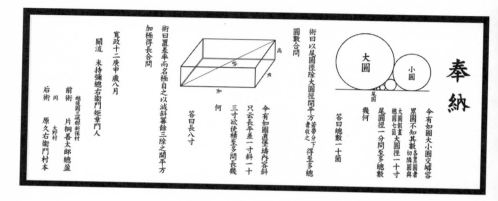

1．算額の説明

　中村時万編『賽祠神算』に「越後州三島郡与板八幡宮」として，寛政 12（1800）年，与板八幡宮に奉納された算額が集録されている．長岡市与板（旧三島郡与板町）の都野神社は，江戸時代，与板八幡宮とも呼ばれており，掲額地は都野神社であると考えられる．他に，文化元（1804）年，文化 5（1808）年に都野神社に奉納された算額も集録されている．いずれも現存しない．寛政 12（1800）年の算額を『賽祠神算』の説明文と図に基づいて復元した（口絵-9）．

　算額を奉納した片桐總盈は三島郡新保村，原村本は三島郡大野村の人である．師の米持矩章は三島郡新保村の人で，関流宗統五伝日下誠の門人である．[付録]和算の流派および越後の和算家参照．

　算額の問題は，図形の問題が 2 題である．第 1 問については，同等な問題の当時の解法の記録がある．第 2 問については当時の解法を推測する．

2．額文の解説
第 1 問

［書下し文］

今，図の如く，大小円の交罅に累円を容るる有り．その数を知らず．各累円は，隣円と大円に切し，仮に総円七箇を画く．大円径一十寸，尾円径一分．至多総数幾何と問ふ．

　答へて曰く，総数一十箇．

　術に曰く，尾円径を以て大円径を除し，平方に開く．若し帯分すれば，下はこれを収む．至多総円数を得て問ひに合す．

［現代語訳］

図のように，直線上の大円と小円のすき間に次々にいくつもの円がある．円の個数は未知である．各円は隣円と大円に接し，仮に総数（大円と小円および累円を含む）7 個の円を画く．大円の直径は 10 寸，尾円の直径は 1 分とする．円の総数が最も多くなるとき，その数はいくらか．

　答．総数は 10 個である．

　術．尾円の直径 r_n で大円の直径 r_1 を割って平方根を取る．もし整数でなければ切り上げて，最大となる総円数 n を得る．答えは題意に合う．

$$n = \sqrt{\frac{r_1}{r_n}} \qquad \text{ただし，整数でなければ切り上げる．}$$

第 2 問

［書下し文］

今，図の如く，直堡壔の内に斜を容るる有り．只云ふ，長平の差一寸，斜十三寸．積をして至多にせしめんと欲す．長幾何と問ふ．

　答へて曰く，長八寸．

　術に曰く，差半を置きて極と名づく．これを自らして以て斜冪を減じ，余りはこれを三除し，平方に開く．極を加へ，長を得て問ひに合す．

［現代語訳］

図のように，直方体に対角線を引く．ただし，長と平との差は 1 寸，対角線は 13 寸とする．体積を最大にする長はいくらか．

　答．長は 8 寸である．

　術．長と平との差 d の 1/2 を極と名づける．これを 2 乗し，それを対角線 c の 2 乗から引き，余りを 3 で割って，平方根を取る．極を加えて，長 x を

得る．答えは題意に合う．

$$x = \frac{d}{2} + \sqrt{\frac{1}{3}\left\{c^2 - (\frac{d}{2})^2\right\}}$$

3．術の解説

藤田嘉言編『続神壁算法』に「東都麹町平川天満宮」として，2面の算額が集録されている．寛政8（1796）年の算額の問題は，与板都野神社の算額の第1問の図において，大円と終円（尾円）を与えて，大円と小円および累円で囲まれた図形の面積が最大になるときの小円径を求める問題である．面積が最大になるのは，円数が最も多いときであるので，与板都野神社の算額の第1問と同等である．白石長忠，御粥安本著『続神壁算法解義』に記されている平川天満宮の算額の解法を紹介する．与板都野神社の掲額は寛政12年であり，平川天満宮の算額以降であるが，『続神壁算法』が出る以前のことである．

第2問は，最大最小問題であるので，和算における極値問題の解法である適尽方級法を用いて，当時の解法を推測する．

第1問

図-1のように，大円をO_1，小円をO_2，累円をO_k（尾円はO_n）とし，大円と小円に接する直線上の空円を考えてOとする．また，円O, O_1, …, O_nと直線との接点を，それぞれ，T_0, T_1, …, T_nとする．

r_0：空円Oの直径，　r_1：大円O_1の直径，　r_2：小円O_2の直径

r_k：累円O_kの直径，　r_n：尾円O_nの直径

とおく．

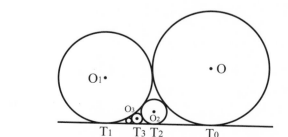

図-1

公式より[1]

$$T_1 T_0 = \sqrt{r_1 r_0}, \quad T_1 T_2 = \sqrt{r_1 r_2}, \quad T_2 T_0 = \sqrt{r_2 r_0} \tag{1}$$

図-1 より

$$\sqrt{r_1 r_0} = \sqrt{r_1 r_2} + \sqrt{r_2 r_0} \tag{2}$$

これより $\sqrt{r_2}$ の式を得る.

$$-\sqrt{r_1} + \left(1 + \frac{\sqrt{r_1}}{\sqrt{r_0}}\right)\sqrt{r_2} = 0 \tag{3}$$

また，図-1 より

$$\sqrt{r_1 r_2} = \sqrt{r_1 r_3} + \sqrt{r_3 r_2} \tag{4}$$

これより $\sqrt{r_3}$ の式を得る.

$$-\sqrt{r_1} + \left(1 + \frac{\sqrt{r_1}}{\sqrt{r_2}}\right)\sqrt{r_3} = 0 \tag{5}$$

(3) より

$$\frac{\sqrt{r_1}}{\sqrt{r_2}} = 1 + \frac{\sqrt{r_1}}{\sqrt{r_0}} \tag{6}$$

(5)，(6) より

$$-\sqrt{r_1} + \left(2 + \frac{\sqrt{r_1}}{\sqrt{r_0}}\right)\sqrt{r_3} = 0 \tag{7}$$

一般に，$\sqrt{r_n}$ の式は，次のようになる.

$$-\sqrt{r_1} + \left\{(n-1) + \frac{\sqrt{r_1}}{\sqrt{r_0}}\right\}\sqrt{r_n} = 0 \tag{8}$$

これより

$$\frac{\sqrt{r_1}}{\sqrt{r_n}} = (n-1) + \frac{\sqrt{r_1}}{\sqrt{r_0}} \tag{9}$$

大円と尾円の直径が与えられて，円の総数が最も多くなるとき，空円の直径は大円の直径以上になるので，$0 < r_1 \leqq r_0$．したがって

$$0 < \frac{\sqrt{r_1}}{\sqrt{r_0}} \leqq 1 \tag{10}$$

(9), (10) より, 次のように n が求められる.

$\sqrt{r_1}/\sqrt{r_n}$ に小数部分があれば, (10) より, $\sqrt{r_1}/\sqrt{r_0}$ は $\sqrt{r_1}/\sqrt{r_n}$ の小数部分に等しく, (9) より, 求める n は, $\sqrt{r_1}/\sqrt{r_n}$ の小数部分を切り上げたものに等しい. また, $\sqrt{r_1}/\sqrt{r_n}$ に小数部分がなければ, (10) より, $\sqrt{r_1}/\sqrt{r_0}=1$. したがって, (9) より, $\sqrt{r_1}/\sqrt{r_n}=n$. これが術で述べられている. 今, $r_1=10$, $r_n=1/10$ なので $n=10$.

第 2 問

図-2 のように

    x: 長, a: 平, b: 高, c: 斜, d: 長と平との差

とおく.

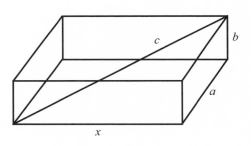

図-2

ここで

$$x - a = d \tag{11}$$

また, 三平方の定理より[*2]

$$x^2 + a^2 + b^2 = c^2 \tag{12}$$

c と d が与えられたとき, 直方体の体積

$$y = abx \tag{13}$$

を最大にする x を求める.

  (11), (12), (13) より

$$y^2 = (x-d)^2 \{c^2 - x^2 - (x-d)^2\}x^2 \tag{14}$$

これを整理すると

$$2x^6 - 6dx^5 - (c^2 - 7d^2)x^4 + (2c^2d - 4d^3)x^3 - (c^2d^2 - d^4)x^2 + y^2 = 0 \tag{15}$$

適尺方級法により[*3]，y が極値を取るならば，(15)において x は 2 重解を持ち

$$12x^5 - 30dx^4 - 4(c^2 - 7d^2)x^3 + 3(2c^2d - 4d^3)x^2 - 2(c^2d^2 - d^4)x = 0 \tag{16}$$

が成り立つ．この式を因数分解して[*4]

$$12(x-d)(x-\frac{d}{2})(x^2 - dx - \frac{c^2 - d^2}{3}) = 0 \tag{17}$$

x の下限は，(11)より，$x > d$．また，(11)，(12)より

$$x^2 + (x-d)^2 + b^2 = c^2 \tag{18}$$

これを解くと[*5]，$x > d$ なので

$$x = \frac{d}{2} + \sqrt{\frac{c^2}{2} - \frac{d^2}{4} - \frac{b^2}{2}} \tag{19}$$

x の上限は，$b = 0$ とおいて

$$x = \frac{d}{2} + \sqrt{\frac{c^2}{2} - \frac{d^2}{4}} \tag{20}$$

これを d' とおいて，x の範囲は，$d < x < d'$．

(17)より

$$x^2 - dx - \frac{c^2 - d^2}{3} = 0 \tag{21}$$

これを解いて

$$x = \frac{d}{2} + \sqrt{\frac{1}{3}(c^2 - \frac{d^2}{4})} \tag{22}$$

(11)，(12)より

$$c^2 = x^2 + a^2 + b^2 > x^2 + a^2 - 2ax = (x-a)^2 = d^2$$

すなわち，$c > d$．したがって，(22)の解は，$x > d$ を満たす．また

$$\frac{1}{3}\left(c^2 - \frac{d^2}{4}\right) + \frac{1}{6}(c^2 - d^2) = \frac{c^2}{2} - \frac{d^2}{4} \tag{23}$$

なので(22)の解は，$x < d'$ を満たす．

$x = d$ のとき，$a = 0$ なので $y = 0$．また，$x = d'$ のとき，(18)，(19)より $b = 0$ なので $y = 0$．更に，$d < x < d'$ のとき，$y > 0$ である．極値を取る候補はただ 1 つであるので，(22)の x で最大値を取る．これが術で述べられている．今，$c = 13$, $d = 1$ なので $x = 8$．

注

*1 山本賀前著『算法助術』の第 40 番の公式である．柏崎椎谷観音堂の算額[no. 1]の注 6 参照．

*2 三平方の定理は，公式として和算ではよく使われる．第 3 部 和算入門 (3.1 鉤股弦) 参照．

*3 和算における極値問題の解法である「適尽方級法」により解いた．現代数学での解法と比較してみる．(15)の左辺を $f(x, y)$ とおく．柏崎椎谷観音堂の算額[no. 1]の注 3 と同様に，y が極値を取るならば

$$\frac{\partial f}{\partial x} = 12x^5 - 30dx^4 - 4(c^2 - 7d^2)x^3 + 3(2c^2 d - 4d^3)x^2 - 2(c^2 d^2 - d^4)x = 0$$

これは，(16)と一致する．第 3 部 和算入門 (4. 極値問題) 参照．なお，(15)より $Y = y^2$ について解き，微分してもよい．

*4 和算でも因数分解は行われた．長岡蒼柴神社の算額[no. 2]の注 9 参照．

*5 2 次方程式の解の公式は知られていた．長岡蒼柴神社の算額[no. 2]の注 6 参照．

No.10 新潟白山神社の算額

[掲額地]新潟市白山神社 ／ [掲額年]享和3(1803)年 ／ [流派]最上流 ／ [師]
丸田正通 ／ [掲額者]山本方剛 ／ [資料]賽祠神算・越後諸堂社諸流奉額集

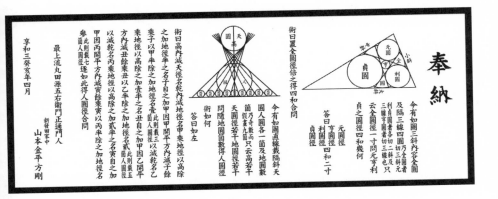

1. 算額の説明

中村時万編『賽祠神算』に「越後州新潟八幡宮」として，享和 3 (1803)
年，新潟八幡宮に奉納された算額が集録されている．ただし，「按スルニ変
形算法ニハ白山社トアリ」とある．これは福田廷臣著『算法変形指南』のこ
とで，そこでは新潟白山社の算額として紹介されている．会田安明編『越後
国諸堂社諸流奉額集』にも「懸越後国新潟白山堂」として，この算額が集録
されている．この算額が奉納されたのは，新潟市の白山神社と考えられる．
この算額は現存しない．会田は，この算額を集録する際に，第2問を改変し
ているが，『賽祠神算』の説明文と図に基づいて復元した（口絵-10）．

算額を奉納した山本方剛は新発田藩士である．師の丸田正通も新発田藩士
で最上流の創始者会田安明の高弟である．付録「和算の流派および越後の
和算家」参照．

算額の問いは，図形の問題が 2 題である．第 1 問は，いわゆる Japanese
Theorem の 1 つであり，林鶴一が 1896 年に西欧に紹介したものである．上
垣渉著「Japanese Theorem の起源と歴史」に解説がある．この問題からは
美しい結果が得られ，深川英俊，ダン・ペドー著『日本の幾何―何題解けま
すか？』でも紹介されている．新潟白山神社には，他に寛政 12 (1800) 年，

13（1801）年，享和 2（1802）年にも算額が奉納されたが，いずれも現存しない．第 1 問および第 2 問の当時の解法を推測する．

2．額文の解説

第 1 問

[書下し文]

今，図の如く，三斜の内に全円および三線を隔て四円を容るる有り．すなはち，全円は三斜に切し，元利貞円は，おのおの二斜および三線に切す．亨円は三線に切するなり．只云ふ，全円径一寸．元亨利貞の円径四和幾何と問ふ．

答へて曰く，元円径，亨円径，利円径，貞円径の四和二寸．

術に曰く，全円径を置き，これを倍し，四和を得て問ひに合す．

[現代語訳]

図のように，三角形の中に内接円および 3 直線を隔て 4 個の円がある．元，利，貞の円は 2 辺と 3 直線に接し，亨円は 3 直線に接する．ただし，内接円の直径は 1 寸とする．元，亨，利，貞の 4 個の円の直径の和はいくらか．

答．元円径 r_1，亨円径 r_4，利円径 r_3，貞円径 r_2 の和は，2 寸である．

術．内接円の直径 r を 2 倍して，4 個の円の直径の和を得る．答えは題意に合う．

$$r_1 + r_2 + r_3 + r_4 = 2r$$

第 2 問

[書下し文]

今，図の如く，直線に斜を隔て，天円，人円各一箇及び地円数箇を載する有り．すなはち，奇数にして仮に九箇を画く．只云ふ，高若干，天円径若干，地円径若干．地円の箇数に随ひ人円径を得る術如何と問ふ．

答へて曰く，左の如し．

術に曰く，高の内，天径を減じ，乾と名づく．内，地径を減じ，甲と名づく．地径を乗じ，高を以てこれを除き，地径を加へ，これを半ばし，子と名づく．これを自らし，甲因甲を加へ*1，平方に開き，内，子を減ず．余りに子を乗じ，甲半を以てこれを除き，地径を加へ，壱と名づく．これ

すなはち，三箇を載する人円径．

以て乾を減じ，乙と名づく．地径を乗じ，高を以てこれを除し，壱を加へ，これを半ばし，丑と名づく．これを自らし，甲因乙を加へ，平方に開き，内，丑を減ず．余りに丑を乗じ，乙半を以てこれを除し，地径を加へ，弐と名づく．これすなはち，五箇を載する人円径．

以て乾を減じ，丙と名づく．地径を乗じ，高を以てこれを除し，弐を加へ，これを半ばし，寅と名づく．これを自らし，甲因丙を加へ，平方に開き，内，寅を減ず．余りに寅を乗じ，丙半を以てこれを除し，地径を加へ，参と名づく．これすなはち，七箇を載する人円径．この如く逐ひ，人円径を得て問ひに合す．

[現代語訳]

図のように，直線上に斜線を隔て，天円，人円各 1 個及び地円数個がある．ただし，高さ，天円の直径，地円の直径は任意に与えられる．地円の個数が与えられたとき，人円の直径を得る方法を述べよ．

答．術の通りである．

術．高さ h から天円の直径 R を引き，乾 a_0 と名づける．乾 a_0 から地円の直径 r を引き，甲 a_1 と名づける．甲 a_1 に地円の直径 r を掛け，高さ h で割って，地円の直径 r を加え，これを $1/2$ にし，子 b_1 と名づける．子 b_1 を 2 乗し，甲 a_1 掛ける甲 a_1 を加え，平方根を取り，子 b_1 を引く．余りに子 b_1 を掛け，甲 a_1 の $1/2$ でこれを割って，地円の直径 r を加え，壱 x と名づける．これが，地円が 3 個の場合の人円の直径である．

$$a_0 = h - R \quad (乾)，\quad a_1 = h - R - r \quad (甲)，\quad b_1 = \frac{1}{2}\left\{\frac{r(h-R-r)}{h} + r\right\} \quad (子)$$

$$x = \frac{\left(\sqrt{a_1 a_1 + b_1{}^2} - b_1\right)b_1}{\dfrac{a_1}{2}} + r \quad (壱)$$

乾 a_0 から壱 x を引き，乙 a_2 と名づける．乙 a_2 に地円の直径 r を掛け，高さ h で割って，壱 x を加え，これを $1/2$ にし，丑 b_2 と名づける．丑 b_2 を 2 乗し，甲 a_1 掛ける乙 a_2 を加え，平方根を取り，丑 b_2 を引く．余りに丑 b_2 を掛け，乙 a_2 の $1/2$ でこれを割って，地円の直径 r を加え，弐 y と名づける．これが，地円が 5 個の場合の人円の直径である．

$$a_2 = h - R - x \quad (\text{乙}), \quad b_2 = \frac{1}{2}\left\{\frac{r(h-R-x)}{h} + x\right\} \quad (\text{丑})$$

$$y = \frac{\left(\sqrt{a_1 a_2 + b_2{}^2} - b_2\right) b_2}{\dfrac{a_2}{2}} + r \quad (\text{弐})$$

　乾 a_0 から弐 y を引き，丙 a_3 と名づける．丙 a_3 に地円の直径 r を掛け，高さ h で割って，弐 y を加え，これを $1/2$ にし，寅 b_3 と名づける．寅 b_3 を 2 乗し，甲 a_1 掛ける丙 a_3 を加え，平方根を取り，寅 b_3 を引く．余りに寅 b_3 を掛け，丙 a_3 の $1/2$ でこれを割って，地円の直径 r を加え，参 z と名づける．これが，地円が 7 個の場合の人円の直径である．これを繰り返して，人円の直径を得る．答えは題意に合う．

$$a_3 = h - R - y \quad (\text{丙}), \quad b_3 = \frac{1}{2}\left\{\frac{r(h-R-y)}{h} + y\right\} \quad (\text{寅})$$

$$z = \frac{\left(\sqrt{a_1 a_3 + b_3{}^2} - b_3\right) b_3}{\dfrac{a_3}{2}} + r \quad (\text{参})$$

3．術の解説

　第 1 問については，福田廷臣著『算法変形指南』に「極形術」による解法がある．長谷川寛が考案した「極形術」は，図形の問題を簡単な形に変形して解く方法であるが，その根拠は不明である．ここでは直接証明する．佐藤健一監修『和算の事典』参照．

第1問

図-1 のように，内接円を O，元円を O_1，貞円を O_2，利円を O_3，亨円を O_4 とし，3 直線を DG, EH, FI とする．また，直線 DG と円 O_1, O_2, O_3, O_4 との接点を，それぞれ，D_1, D_2, D_3, D_4，直線 EH と円 O_1, O_2, O_3, O_4 との接点を，それぞれ，E_1, E_2, E_3, E_4，直線 FI と円 O_1, O_2, O_3, O_4 との接点を，それぞれ，F_1, F_2, F_3, F_4 とし，辺 AB と円 O, O_1, O_2 との接点を，それぞれ，A_0, A_1, A_2，辺 BC と円 O, O_2, O_3 との接点を，それぞれ，B_0, B_2, B_3，辺 CA と円 O, O_1, O_3 との接点を，それぞれ，C_0, C_1, C_3 とする．更に，直線 DG と EH との交点を J，直線 DG と FI との交点を K，直線 EH と FI と

の交点を L とする.

$a = BC$: 大斜, $\quad b = CA$: 小斜, $\quad c = AB$: 中斜

$x = AA_1, \quad y = BB_2, \quad z = CC_3, \quad l = JE_1, \quad m = KD_2, \quad n = LF_3$

r : 内接円 O の直径, $\quad r_1$: 元円 O_1 の直径, $\quad r_2$: 貞円 O_2 の直径

r_3 : 利円 O_3 の直径, $\quad r_4$: 亨円 O_4 の直径

とおく.

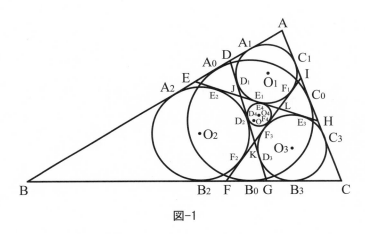

図-1

最初に, 4 個の円の直径の和を l, m, n を用いて表す.

公式より[*2], 円 O_1 と O_2 について

$$LE_1 = KD_2 = m \tag{1}$$

同様に, 円 O_2 と O_3 について

$$JD_2 = LF_3 = n \tag{2}$$

同様に, 円 O_3 と O_1 について

$$KF_3 = JE_1 = l \tag{3}$$

したがって

$$JK = m+n, \quad KL = n+l, \quad LJ = l+m \tag{4}$$

これより

$$JD_4 = \frac{LJ + JK - KL}{2} = m \tag{5}$$

$$KF_4 = \frac{JK + KL - LJ}{2} = n \tag{6}$$

$$LE_4 = \frac{KL + LJ - JK}{2} = l \tag{7}$$

円 O_4 は $\triangle JKL$ の内接円なので，公式より[*3]

$$r_4 = \sqrt{\frac{4lmn}{l + m + n}} \tag{8}$$

また，円 O_1, O_2, O_3 は，$\triangle JKL$ の傍接円なので，次が成り立つ[*4].

$$\frac{r_1}{r_4} = \frac{l + m + n}{n}, \quad \frac{r_2}{r_4} = \frac{l + m + n}{l}, \quad \frac{r_3}{r_4} = \frac{l + m + n}{m} \tag{9}$$

したがって

$$r_1 + r_2 + r_3 + r_4 = \left(\frac{l+m+n}{n} + \frac{l+m+n}{l} + \frac{l+m+n}{m} \right) r_4 + r_4$$

$$= \frac{2(l+m+n)(lm+mn+nl) + 2lmn}{\sqrt{lmn(l+m+n)}} \tag{10}$$

次に，r を l, m, n を用いて表す.

$\triangle AEH$ について，$x = AA_1$. また

$$EE_1 = EJ + JE_1 = JK + JE_1 = l + m + n \tag{11}$$

$$HC_1 = HE_1 = HL + LE_1 = KL + LE_1 = l + m + n \tag{12}$$

円 O_1 は $\triangle AEH$ の内接円なので，(8) と同様に

$$r_1 = \sqrt{\frac{4x(l+m+n)^2}{x + 2(l+m+n)}} \tag{13}$$

また，(8)，(9) より

$$r_1 = \sqrt{\frac{4lm(l+m+n)}{n}} \tag{14}$$

(13)，(14) より

$$x = \frac{2lm(l+m+n)}{n(l+m+n)-lm} \tag{15}$$

円 O_2 と O_3 について，共通外接線の長さは等しいので，$B_2B_3 = E_2E_3$．したがって，(4) と公式より[*2]

$$FG = LJ = l+m, \quad HI = JK = m+n, \quad DE = KL = n+l \tag{16}$$

(16) と公式より[*2]

$$a = BC = y+z+l+m+2n \tag{17}$$

$$b = CA = z+x+2l+m+n \tag{18}$$

$$c = AB = x+y+l+2m+n \tag{19}$$

(17)，(18)，(19) より

$$AA_0 = \frac{b+c-a}{2} = x+l+m \tag{20}$$

$\Delta AOA_0 \backsim \Delta AO_1A_1$ より[*5]，$AA_0 : A_0O = AA_1 : A_1O_1$．ここで，$AA_0 = x+l+m$，$A_0O = r/2$，$AA_1 = x$，$A_1O_1 = r_1/2$ なので

$$r = \frac{r_1(x+l+m)}{x} \tag{21}$$

(14)，(15)，(21) より

$$r = \frac{(l+m+n)(lm+mn+nl)+lmn}{\sqrt{lmn(l+m+n)}} \tag{22}$$

(10) と (22) より

$$r_1 + r_2 + r_3 + r_4 = 2r \tag{23}$$

これが術で述べられている．

第2問

最初に，地円が 3 個の場合を考える．

図-2 のように，天円を O，地円を $O_1, O_3, O_3{}'$，人円を P_3 とし，高さを直線 AB で表す．2 直線 l, m は，直線 AB に垂直であり，直線 l と天円 O との接点を A，直線 m と地円 O_1，人円 P_3 との接点を B とする．また，2 個の地円 O_3, $O_3{}'$ と直線 m との接点を，それぞれ，B_3, $B_3{}'$，天円 O と地円

O_1, O_3, O_3' の共通接線と直線 l, m との交点を，それぞれ，S_1, T_1, S_1', T_1', S_3, T_3, S_3', T_3'，直線 S_1T_1 と $S_1'T_1'$ の交点を I_1，直線 S_3T_3 と $S_3'T_3'$ の交点を I_3 とする．更に，O から直線 S_1T_1, S_3T_3 に引いた垂線を，それぞれ，OC_1, OC_3 とする．

    $h = AB$：高，R：天円 O の直径

    r：地円 O_1, O_3, O_3' の直径，x：人円 P_3 の直径

とおく．

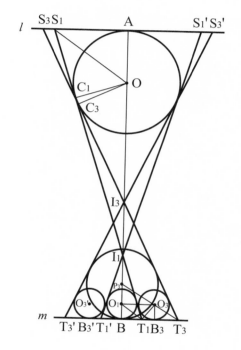

図-2

図-2において，$\triangle OAS_1 \backsim \triangle O_1BT_1$，$\triangle I_1AS_1 \backsim \triangle I_1BT_1$ より
$AI_1 : BI_1 = AS_1 : BT_1 = OA : O_1B = R : r$．したがって

$$AI_1 = \frac{hR}{R+r}, \quad BI_1 = \frac{hr}{R+r} \tag{24}$$

$\triangle OC_1I_1 \backsim \triangle T_1BI_1$ より，$C_1O : C_1I_1 = BT_1 : BI_1$．したがって

$$BT_1 = \frac{C_1 O \cdot BI_1}{C_1 I_1} = \frac{\dfrac{R}{2} \cdot \dfrac{hr}{R+r}}{\sqrt{\left(\dfrac{hR}{R+r} - \dfrac{R}{2}\right)^2 - \left(\dfrac{R}{2}\right)^2}} = \frac{hr}{2\sqrt{h(h-R-r)}} \tag{25}$$

同様に，BT_3 が得られる．すなわち，(25)の r を x で置き換えて

$$BT_3 = \frac{hx}{2\sqrt{h(h-R-x)}} \tag{26}$$

$\Delta O_1 BT_1 \backsim \Delta T_1 B_3 O_3$ より，$BO_1 : BT_1 = B_3 T_1 : B_3 O_3$．したがって，(25) より

$$B_3 T_1 = \frac{BO_1 \cdot B_3 O_3}{BT_1} = \frac{\dfrac{r}{2} \cdot \dfrac{r}{2}}{\dfrac{hr}{2\sqrt{h(h-R-r)}}} = \frac{r\sqrt{h(h-R-r)}}{2h} \tag{27}$$

(25)，(27) より

$$O_1 O_3 = BT_1 + B_3 T_1$$

$$= \frac{hr}{2\sqrt{h(h-R-r)}} + \frac{r\sqrt{h(h-R-r)}}{2h} = \frac{r(h-R-r) + hr}{2\sqrt{h(h-R-r)}} \tag{28}$$

$\Delta P_3 BT_3 \backsim \Delta P_3 O_1 O_3$ より，$P_3 B : BT_3 = P_3 O_1 : O_1 O_3$．したがって
$P_3 B \cdot O_1 O_3 = BT_3 \cdot P_3 O_1$．(26)，(28) より

$$\frac{x}{2} \cdot \frac{r(h-R-r) + hr}{2\sqrt{h(h-R-r)}} = \frac{hx}{2\sqrt{h(h-R-x)}} \cdot \left(\frac{x}{2} - \frac{r}{2}\right) \tag{29}$$

両辺を 2 乗して整理すると

$$\{r(h-R-r) + hr\}^2 \{(h-R-r) - (x-r)\} = h^2 (h-R-r)(x-r)^2 \tag{30}$$

これより $x-r$ の式を得る．

$$\frac{h-R-r}{4}(x-r)^2$$

$$+ \left[\frac{1}{2}\left\{\frac{r(h-R-r)}{h} + r\right\}\right]^2 (x-r)$$

$$- \left[\frac{1}{2}\left\{\frac{r(h-R-r)}{h} + r\right\}\right]^2 (h-R-r) = 0 \tag{31}$$

ここで

$$X = x - r$$

$$a_1 = h - R - r \quad (甲)\ ,\quad b_1 = \frac{1}{2}\left\{\frac{r(h-R-r)}{h} + r\right\} \quad (子)$$

とおくと

$$\frac{a_1}{4}X^2 + b_1{}^2 X - a_1 b_1{}^2 = 0 \tag{32}$$

これを解いて[*6]

$$X = \frac{-b_1{}^2 + \sqrt{b_1{}^4 + a_1{}^2 b_1{}^2}}{\dfrac{a_1}{2}} \tag{33}$$

$$x = \frac{\left(\sqrt{a_1 a_1 + b_1{}^2} - b_1\right)b_1}{\dfrac{a_1}{2}} + r \tag{34}$$

これが術の壱式である.

　次に，地円が5個の場合を考える.

5個の地円を $O_1, O_3, O_3{}', O_5, O_5{}'$ とし，他も同様に定義する.

$$y : 人円\ P_5\ の直径,\quad Y = y - r$$

$$a_2 = h - R - x \quad (乙)\ ,\quad b_2 = \frac{1}{2}\left\{\frac{r(h-R-x)}{h} + x\right\} \quad (丑)$$

とおくと，地円が3個の場合と同様に

$$\frac{a_2}{4}Y^2 + b_2{}^2 Y - a_1 b_2{}^2 = 0 \tag{35}$$

これを解いて

$$Y = \frac{-b_2{}^2 + \sqrt{b_2{}^4 + a_1 a_2 b_2{}^2}}{\dfrac{a_2}{2}} \tag{36}$$

$$y = \frac{\left(\sqrt{a_1 a_2 + b_2{}^2} - b_2\right)b_2}{\dfrac{a_2}{2}} + r \tag{37}$$

これが術の弐式である.

　最後に, 地円が7個の場合を考える.

7個の地円を $O_1, O_3, O_3', O_5, O_5', O_7, O_7'$ とし, 他も同様に定義する.

　　　z : 人円 P_7 の直径, $Z = z - r$

　　　$a_3 = h - R - y$ （丙）, $b_3 = \dfrac{1}{2}\left\{\dfrac{r(h - R - y)}{h} + y\right\}$ （寅）

とおくと, 地円が5個の場合と同様に

$$\frac{a_3}{4}Z^2 + b_3{}^2 Z - a_1 b_3{}^2 = 0 \tag{38}$$

これを解いて

$$Z = \frac{-b_3{}^2 + \sqrt{b_3{}^4 + a_1 a_3 b_3{}^2}}{\dfrac{a_3}{2}} \tag{39}$$

$$z = \frac{\left(\sqrt{a_1 a_3 + b_3{}^2} - b_3\right)b_3}{\dfrac{a_3}{2}} + r \tag{40}$$

これが術の参式である.

　これを繰り返して, 与えられた地円の個数に対する人円の直径を得ることができる.

注

*1 千葉胤秀著『算法新書』では, 甲因乙は, そのまま甲因乙, あるいは甲の因乙などとしている. 甲掛ける乙という意味である. 大矢真一著『和算入門』参照.

*2 図-3 のように, 2 つの円 O_1, O_2 に対して, 共通外接線と共通内接線を引く. A, B, C, D, E, F, G, H は接点, P, Q, R, S, T は交点とする. このとき

　　　$PA = QB = RC = SD$ $\tag{41}$

これを野村貞処著『矩合枢要』により解説する.

　　　$RH + HQ = RQ$, $GQ + RG = RQ$

$$2RQ = RH + HQ + GQ + RG \tag{42}$$

また，$AB = CD$ なので

$$RD + RC = CD , \quad AQ + QB = AB = CD$$

したがって

$$2CD = RD + RC + AQ + QB \tag{43}$$

ここで，$RH = RD, HQ = QB, GQ = AQ, RG = RC$ より

$$RQ = CD \tag{44}$$

したがって

$$RH + HQ = RQ , \quad RD + RC = CD = RQ \tag{45}$$

ここで，$RH = RD$ より

$$HQ = RC , \quad すなわち, \quad QB = RC \tag{46}$$

同様に

$$PA = SD \tag{47}$$

また，$PA = RC$ なので，(46)，(47)より，(41)が得られる.

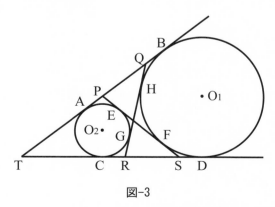

図-3

*3　三角形の内接円の直径を求める公式は山本賀前著『算法助術』の第
36 番の公式にもあるが，野村貞処著『矩合枢要』にも述べられているので，

これを紹介する.

図-4 のように，$\triangle ABC$ の内接円を O，傍接円を O' とし，D, E, F, G は接点とする.

  r : $\triangle ABC$ の内接円 O の直径，r' : $\triangle ABC$ の傍接円 O' の直径

  $l = AD,\ m = BE,\ n = CF$

とおく．このとき

$$r = \sqrt{\frac{4lmn}{l+m+n}} \tag{48}$$

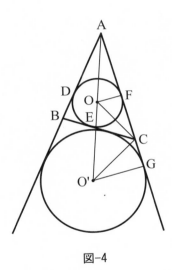

図-4

図-4 において，$\triangle OFC \backsim \triangle CGO'$ より $OF:CF = CG:O'G$．注2より，$CG = BD = BE = m$．したがって

$$mn = \frac{r}{2} \cdot \frac{r'}{2}$$

両辺に l を掛けて

$$lmn = l \cdot \frac{r}{2} \cdot \frac{r'}{2} \tag{49}$$

$\triangle AGO' \backsim \triangle AFO$ より，$AG:O'G = AF:OF$．ここで，$AF = l$，$OF = r/2$，$O'G = r'/2$．また，注2より $AG = l + m + n$．したがって

$$(l + m + n) \cdot \frac{r}{2} = l \cdot \frac{r'}{2} \tag{50}$$

(49)，(50)より

$$lmn = (l + m + n) \cdot (\frac{r}{2})^2 \tag{51}$$

これより(48)が得られる.

*4 (50)より

$$\frac{r'}{r} = \frac{l + m + n}{l} \tag{52}$$

が得られる.

*5 相似記号を用いて説明したが，和算では，明らかに相似であることが分かる三角形について，直接，比例関係を述べる.

*6 2次方程式の解の公式は知られていた．長岡蒼柴神社の算額[no. 2]の注6参照．複号が(-)の場合は，$x < r$ となり不適当である.

No.11 与板都野神社の算額（２）

[掲額地]長岡市与板（旧三島郡与板町）都野神社 ／ [掲額年]文化元(1804)
年 ／ [流派]関流 ／ [師]太田正儀 ／ [掲額者]朽木規章・丸山正和 ／ [資料]
賽祠神算

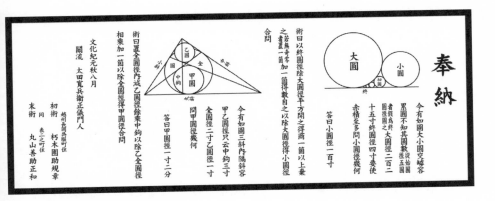

１．算額の説明

　　中村時万編『賽祠神算』に「越後州三島郡与板八幡宮」として，文化元
（1804）年，長岡市与板（旧三島郡与板町）の都野神社に奉納された算額が
集録されている．都野神社は，江戸時代に与板八幡宮とも呼ばれていた．こ
の算額は現存しない．これを『賽祠神算』の説明文と図に基づいて復元した
（口絵-11）．

　　算額を奉納した朽木規章は長岡呉服町，丸山正和は長岡表二之町の人であ
る．また，師の太田正儀は長岡藩勘定方役人で，関流宗統五伝日下誠の門
人である．付録「和算の流派および越後の和算家」参照．

　　算額の問題は，図形の問題が２題である．第１問は，与板都野神社の算額
[no.9]で述べた藤田嘉言編『続神壁算法』の「東都麹町平川天満宮」の算額
の問題と同一であり，白石長忠，御粥安本著『続神壁算法解義』に，この問
題の当時の解法が記されている．この算額も平川天満宮の算額以降であるが，
『続神壁算法』が出る以前のことである．第２問については，当時の解法を
推測する．

２．額文の解説

第１問

［書下し文］

今，図の如く，大小円の交罅に累円を容るる有り．その円数を知らず．始円径に従ひ，五円は仮に終円径とし，これを図く．大円径二百二十五寸，終円径四寸．赤積をして至多にせしめんことを要す．小円径幾何と問ふ．

答へて曰く，小円径一百寸．

術に曰く，終円径を以て大円径を除し，平方にこれを開き，商を得．一箇以上はこれを棄つ．若し奇なくば，零は一箇と置き，一箇を加へ数を得．これを自らして以て大円径を除し，小円径を得て問ひに合す．

［現代語訳］

図のように，大円と小円のすき間に次々にいくつもの円がある．円の個数は未知である．始円（大円と小円）にしたがって，仮に５円が終円であるとして画く．大円の直径は 225 寸，終円の直径は４寸とする．赤い部分（直線と大小円および累円で囲まれた部分）の面積を最大にしたい．小円の直径はいくらか．

答．小円の直径は 100 寸である．

術．終円の直径 r_n で大円の直径 r_1 を割って，この平方根を取る．整数部分を棄てたものを X と置く．小数部分がなければ 0 となるが 1 として，1 を加える．これを 2 乗し，それで大円の直径 r_1 を割って，小円の直径 r_2 を得る．答えは題意に合う．

$$X = \sqrt{\frac{r_1}{r_n}} \text{ の小数部分，ただし，小数部分がなければ 1 とする．}$$

$$r_2 = \frac{r_1}{(X+1)^2}$$

第２問

［書下し文］

今，図の如く，三斜の内に斜を隔て，甲乙円径を容るる有り．只云ふ，中鉤三寸，全円径二寸，乙円径一寸．甲円径幾何と問ふ．

答へて曰く，甲円径一寸二分．

術に曰く，全円径を置き，内，乙円径を減ず．余りに中鉤を乗じて以て乙

全円径の相乗を除す．一箇を加へて以て全円径を除し，甲円径を得て問ひ
に合す．

[現代語訳]

図のように，三角形の中に，斜線を隔て，甲円と乙円がある．ただし，三角
形の高さは3寸，内接円の直径は2寸，乙円の直径は1寸とする．甲円の直
径はいくらか．

　答．甲円の直径は1寸2分である．

　術．内接円の直径 r から乙円の直径 r_2 を引く．余りに三角形の高さ h を掛
け，それで乙円の直径 r_2 と内接円の直径 r の積を割る．1を加え，それで内
接円の直径 r を割って，甲円の直径 r_1 を得る．答えは題意に合う．

$$r_1 = \frac{r}{\dfrac{r_2 r}{(r - r_2)h} + 1}$$

3．術の解説

　第1問は，与板都野神社の算額[no.9]の第1問と同様に解く．簡潔に表す．

第1問

図-1 のように，大円を O_1，小円を O_2，累円を O_k （終円は O_n）とし，大
円と小円に接する直線上の空円を考えて O とする．また，円 $O, O_1, \cdots, O_n$
と直線との接点を，それぞれ，$T_0, T_1, \cdots, T_n$ とする．

　　　r_0：空円 O の直径，　r_1：大円 O_1 の直径，　r_2：小円 O_2 の直径

　　　r_k：累円 O_k の直径，　r_n：終円 O_n の直径

とおく．

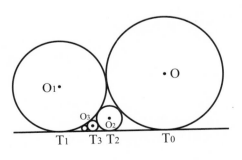

図-1

公式より[1]

$$T_1T_0 = \sqrt{r_1r_0}, \quad T_1T_2 = \sqrt{r_1r_2}, \quad T_2T_0 = \sqrt{r_2r_0} \tag{1}$$

図-1 より

$$\sqrt{r_1r_0} = \sqrt{r_1r_2} + \sqrt{r_2r_0} \tag{2}$$

これより

$$\frac{\sqrt{r_1}}{\sqrt{r_2}} = \frac{\sqrt{r_1}}{\sqrt{r_0}} + 1 \tag{3}$$

また，図-1 より

$$\sqrt{r_1r_2} = \sqrt{r_1r_3} + \sqrt{r_3r_2} \tag{4}$$

これより

$$\frac{\sqrt{r_1}}{\sqrt{r_3}} = \frac{\sqrt{r_1}}{\sqrt{r_2}} + 1 \tag{5}$$

(3)，(5) より

$$\frac{\sqrt{r_1}}{\sqrt{r_3}} = \frac{\sqrt{r_1}}{\sqrt{r_0}} + 2 \tag{6}$$

一般に

$$\frac{\sqrt{r_1}}{\sqrt{r_n}} = \frac{\sqrt{r_1}}{\sqrt{r_0}} + (n-1) \tag{7}$$

一方，(3) より

$$r_2 = \frac{r_1}{\left(1 + \dfrac{\sqrt{r_1}}{\sqrt{r_0}}\right)^2} \tag{8}$$

大円と終円の直径が与えられて，赤い部分の面積が最も大きくなるとき，空円の直径は大円の直径以上になるので，$0 < r_1 \leqq r_0$．したがって，$0 < \sqrt{r_1}/\sqrt{r_0} \leqq 1$．(7) より，$\sqrt{r_1}/\sqrt{r_n}$ に小数部分があれば，$\sqrt{r_1}/\sqrt{r_0}$ は $\sqrt{r_1}/\sqrt{r_n}$ の小数部分に等しい．また，$\sqrt{r_1}/\sqrt{r_n}$ に小数部分がなければ，

$\sqrt{r_1}/\sqrt{r_0}=1$ である．（8）より，r_2 が得られる．これが術で述べられている．今，$r_1=225$，$r_n=4$ なので $\sqrt{r_1}/\sqrt{r_n}=7.5$．（7）より，$\sqrt{r_1}/\sqrt{r_0}=0.5$．（8）より，$r_2=100$．

第2問

図-2 のように，ΔABC の中の斜線を BD, CE とし，交点を F，内接円を O，甲円を O_1，乙円を O_2 とする．また，A から辺 BC に引いた垂線を AG，円 O と辺 AB, BC, CA との接点を，それぞれ，A_0, B_0, C_0，円 O_1 と辺 BC との接点を B_1，円 O_2 と辺 AB, CA との接点を，それぞれ，A_2, C_2，斜線 BD と円 O_1, O_2 との接点を，それぞれ，D_1, D_2 とし，斜線 CE と円 O_1, O_2 との接点を，それぞれ，E_1, E_2 とする．更に，O, O_1, O_2, F から直線 AG に引いた垂線を，それぞれ，OH_0, O_1H_1, O_2H_2, FH とする．

$a=BC$：大斜，$b=CA$：中斜，$c=AB$：小斜

$h=AG$：中鉤（ΔABC の高さ），$s=AA_2$，$t=FD_2$

r：内接円 O の直径，r_1：甲円 O_1 の直径，r_2：乙円 O_2 の直径

とおく．

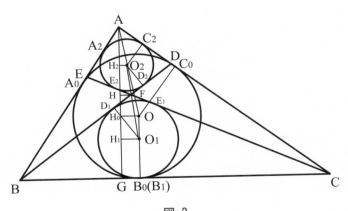

図-2

最初に，B_0 と B_1 が一致することを示す．

ΔABC について

$$BB_0 = \frac{a+b+c-2b}{2} = \frac{a-b+c}{2} \tag{9}$$

一方，ΔFBC について

$$BB_1 = BD_1 = \frac{BC + BF - CF}{2} = \frac{BC + (BD_2 - FD_2) - (CE_2 - FE_2)}{2}$$

$$= \frac{a + (c - s - t) - (b - s - t)}{2} = \frac{a - b + c}{2} \tag{10}$$

(9)，(10) より，B_0 と B_1 は一致する．

　次に，HG を求める．

$\Delta AH_2O_2 \backsim \Delta AH_0O$，$\Delta AO_2C_2 \backsim \Delta AOC_0$ より[*2]

$AH_2 : AH_0 = AO_2 : AO = O_2C_2 : OC_0 = r_2 : r$．ここで

$$AH_0 = AG - H_0G = h - \frac{r}{2} \tag{11}$$

したがって

$$AH_2 = (h - \frac{r}{2}) \cdot \frac{r_2}{r} \tag{12}$$

したがって

$$H_1H_2 = AG - AH_2 - H_1G = h - (h - \frac{r}{2}) \cdot \frac{r_2}{r} - \frac{r_1}{2} \tag{13}$$

一方，$H_2H : HH_1 = O_2F : FO_1 = O_2D_2 : O_1D_1 = r_2 : r_1$．(13) より

$$HH_1 = \left\{ h - (h - \frac{r}{2}) \cdot \frac{r_2}{r} - \frac{r_1}{2} \right\} \cdot \frac{r_1}{r_1 + r_2} \tag{14}$$

したがって

$$HG = HH_1 + \frac{r_1}{2} = \frac{r_1(r - r_2)h + r_1 r_2 r}{r(r_1 + r_2)} \tag{15}$$

　次に，ΔABC の面積 S を考える[*3]．

$AA_2 : AA_0 = AC_2 : AC_0 = r_2 : r$．したがって

$$AA_0 = \frac{sr}{r_2} \tag{16}$$

したがって

$$S = \frac{1}{2}(a + b + c) \cdot \frac{r}{2} = \frac{1}{2}(\frac{2sr}{r_2} + 2a) \cdot \frac{r}{2} \tag{17}$$

一方

$$S = \frac{1}{2}ah \tag{18}$$

(17)，(18) より

$$a = \frac{sr^2}{r_2(h-r)} \tag{19}$$

次に，ΔFBC の面積 S' を考える．

$FD_1 : FD_2 = r_1 : r_2$．したがって

$$FD_1 = \frac{tr_1}{r_2} \tag{20}$$

(17) と同様に

$$S' = \frac{1}{2}\left(\frac{2tr_1}{r_2} + 2a\right) \cdot \frac{r_1}{2} \tag{21}$$

一方，(15) より

$$S' = \frac{1}{2}a \cdot \frac{r_1(r-r_2)h + r_1 r_2 r}{r(r_1 + r_2)} \tag{22}$$

(21)，(22) より

$$a = \frac{tr_1 r(r_1 + r_2)}{r_2(r-r_2)h - r_1 r_2 r} \tag{23}$$

(19)，(23) より

$$\frac{sr^2}{r_2(h-r)} = \frac{tr_1 r(r_1 + r_2)}{r_2(r-r_2)h - r_1 r_2 r} \tag{24}$$

更に，B_0 と B_1 が一致するので

$$A_0 A_2 = D_1 D_2 \tag{25}$$

(16) より

$$A_0 A_2 = \frac{sr}{r_2} - s = \frac{s(r-r_2)}{r_2} \tag{26}$$

(20) より

$$D_1 D_2 = t + \frac{tr_1}{r_2} = \frac{t(r_1 + r_2)}{r_2} \tag{27}$$

(25)，(26)，(27) より

$$s = \frac{t(r_1 + r_2)}{r - r_2} \tag{28}$$

(28) を (24) に代入して整理すると

$$r_1 = \frac{(r-r_2)rh}{r_2r+(r-r_2)h} = \frac{r}{\dfrac{r_2r}{(r-r_2)h}+1} \tag{29}$$

これが術で述べられている．今，$h=3$，$r_2=1$ なので $r_1=1.2$．

注

*1 山本賀前著『算法助術』の第 40 番の公式である．柏崎椎谷観音堂の算額[no. 1]の注 6 参照．

*2 相似記号を用いて説明したが，和算では，明らかに相似であることが分かる三角形について，直接，比例関係を述べる．

*3 山本賀前著『算法助術』の第 10 番に三角形の面積の公式がある．

No.12 新発田諏訪神社の算額

[掲額地]新発田市諏訪神社 ／ [掲額年]文化5(1808)年 ／ [流派]最上流 ／
[師]丸田正通 ／ [掲額者]高橋徳通・塩原道明 ／ [資料]賽祠神算

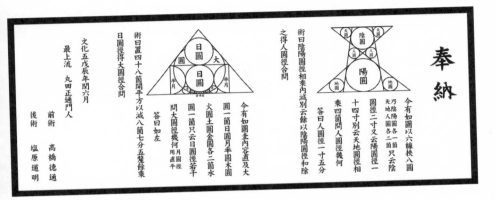

1．算額の説明

　中村時万編『賽祠神算』に「越後州新発田諏訪社」として，文化5(1808) 年，新発田市の諏訪神社に奉納された算額が集録されている．他にも算額が奉納された記録があるが，いずれも現存しない．この算額を『賽祠神算』の説明文と図に基づいて復元した（**口絵-12**）．

　算額を奉納した高橋徳通，塩原道明については不明である．師の丸田正通は新発田藩士で，最上流の創始者会田安明の高弟である．付録「和算の流派および越後の和算家」参照．

　問題は，図形の問題が2題である．当時の解法を推測する．

2．額文の解説

第1問

[書下し文]

　今，図の如く，六線を以て八円，すなはち，陰陽円各一箇，天地人円各二箇を挟む有り．只云ふ，陰円径二寸．また云ふ，陽円径一十四寸．別に云ふ，天地円径の相乗四箇．人円径幾何と問ふ．

　答へて曰く，人円径一寸五分．

術に曰く，陰陽円径の相乗の内，別に云ふを減じ，余りは陰陽円径の和を以てこれを除し，人円径を得て問ひに合す.

［現代語訳］

図のように，6個の直線で8個の円，すなわち，陰，陽円各1個，天，地，人円各2個を挟む. ただし，陰円の直径は2寸. また，陽円の直径は14寸. 更に，天円と地円の直径の積は4とする. 人円の直径はいくらか.

答. 人円の直径は1寸5分である.

術. 陰円の直径 r_1 と陽円の直径 r_2 の積から天円の直径 r_3 と地円の直径 r_4 の積を引き，余りを陰円の直径 r_1 と陽円の直径 r_2 の和で割って，人円の直径 r_5 を得る. 答えは題意に合う.

$$r_5 = \frac{r_1 r_2 - r_3 r_4}{r_1 + r_2}$$

第2問

［書下し文］

今，図の如く，圭の内に直および大円一箇，日円，月半円，木円，火円，土円，金円各二箇，水円一箇を容るる有り. 只云ふ，日円径若干. 大円径幾何と問ふ. 月円径は直の平を用ゐる.

答へて曰く，左の如し.

術に曰く，四十八箇を置き，平方に開きて以て八箇七分五厘を減ず. 余りに日円径を乗じ，大円径を得て問ひに合す.

［現代語訳］

図のように，二等辺三角形の中に，長方形と大円が1個，日円，月半円，木円，火円，土円，金円が各2個，水円1個がある. ただし，日円の直径は任意に与えられる. 大円の直径はいくらか. 月円の直径は，長方形の縦を用いる.

答. 術の通りである.

術. 48の平方根を取り，それを8.75からを引く. 余りに日円の直径 r_1 を掛けて，大円の直径 r を得る. 答えは題意に合う.

$$r = (8.75 - \sqrt{48})r_1$$

3．術の解説

第1問

図-1 のように，6 個の直線を $AD, A'D', AA', DD', BB', CC'$ とし，交点を E, F, G, H, I とする．また，陰円を O_1，陽円を O_2，天円を $O_3, O_3{}'$，地円を $O_4, O_4{}'$，人円を $O_5, O_5{}'$ とする．更に，直線 AA' と円 O_k との接点を A_k，直線 BB' と円 O_k との接点を B_k とする．

r_1：陰円 O_1 の直径，r_2：陽円 O_2 の直径，r_3：天円 $O_3, O_3{}'$ の直径

r_4：地円 $O_4, O_4{}'$ の直径，r_5：人円 $O_5, O_5{}'$ の直径

$b = BB'$

とおく．

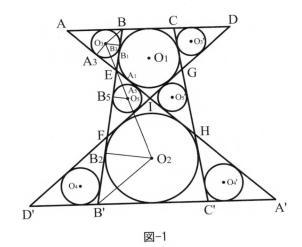

図-1

図-1 において，円 O_1 と O_3，円 O_1 と O_5 について

$$BB_3 = EA_1 = IA_5 \tag{1}$$

が成り立つ[*1]．また，円 O_1, O_2, O_5 について

$$IA_5 = \frac{\sqrt{r_1 r_2 - (r_1 + r_2) r_5}}{2} = \frac{r_1 r_2 - (r_1 + r_2) r_5}{2\sqrt{r_1 r_2 - (r_1 + r_2) r_5}} \tag{2}$$

$$EB_5 = \frac{r_1 r_5}{2\sqrt{r_1 r_2 - (r_1 + r_2) r_5}} \tag{3}$$

$$FB_5 = \frac{r_2 r_5}{2\sqrt{r_1 r_2 - (r_1 + r_2)r_5}} \tag{4}$$

が成り立つ[*1]. $\Delta O_3 A_3 E \backsim \Delta O_5 B_5 E$ より[*2], $O_3 A_3 : EA_3 = O_5 B_5 : EB_5$. (3) より

$$EA_3 = EB_5 \cdot \frac{O_3 A_3}{O_5 B_5} = \frac{r_1 r_3}{2\sqrt{r_1 r_2 - (r_1 + r_2)r_5}} \tag{5}$$

(1), (2), (5) より

$$BE = EB_3 + BB_3 = EA_3 + IA_5 = \frac{r_1(r_2 + r_3) - (r_1 + r_2)r_5}{2\sqrt{r_1 r_2 - (r_1 + r_2)r_5}} \tag{6}$$

(3), (4) より

$$EF = EB_5 + FB_5 = \frac{(r_1 + r_2)r_5}{2\sqrt{r_1 r_2 - (r_1 + r_2)r_5}} \tag{7}$$

$\Delta BB_3 O_3 \backsim \Delta B'B_2 O_2$ より $BB_3 : B'B_2 = r_3 : r_2$. $\Delta EB_3 O_3 \backsim \Delta EB_2 O_2$ より $EB_3 : EB_2 = r_3 : r_2$. すなわち, $BE : B'E = r_3 : r_2$. したがって

$$BE = \frac{br_3}{r_2 + r_3} \tag{8}$$

同様に, $BF : B'F = r_1 : r_4$ より

$$BF = \frac{br_1}{r_1 + r_4} \tag{9}$$

したがって

$$EF = BF - BE = \frac{b(r_1 r_2 - r_3 r_4)}{(r_1 + r_4)(r_2 + r_3)} \tag{10}$$

(6), (8) より

$$\frac{br_3}{r_2 + r_3} = \frac{r_1(r_2 + r_3) - (r_1 + r_2)r_5}{2\sqrt{r_1 r_2 - (r_1 + r_2)r_5}} \tag{11}$$

(7), (10) より

$$\frac{b(r_1 r_2 - r_3 r_4)}{(r_1 + r_4)(r_2 + r_3)} = \frac{(r_1 + r_2)r_5}{2\sqrt{r_1 r_2 - (r_1 + r_2)r_5}} \tag{12}$$

(11) を (12) で割って

$$\frac{r_3(r_1 + r_4)}{r_1 r_2 - r_3 r_4} = \frac{r_1(r_2 + r_3) - (r_1 + r_2)r_5}{(r_1 + r_2)r_5} \tag{13}$$

これを r_5 について解いて

$$r_5 = \frac{r_1 r_2 - r_3 r_4}{r_1 + r_2} \tag{14}$$

これが術で述べられている．今，$r_1 = 2$，$r_2 = 14$，$r_3 r_4 = 4$ なので $r_5 = 1.5$．

第2問

図-2 のように，二等辺三角形を ΔABC，長方形を $DEFG$，大円を O，日円を O_1, O_1'，月半円を O_2, O_2'，水円を O_3，金円を O_4，土円を O_5，火円を O_6，木円を O_7 とする．また，円 O と辺 BC との接点を I，円 O_1 と O_1' との接点を H とする．O_1, H, O, O_1', O_3 は直線 AI 上にある．直線 DE は月半円 O_2' の直径，直線 FG は月半円 O_2 の直径であり，直線 DG は H を通る．更に，辺 AC と円 O_1，O との接点を，それぞれ，K_1，K_2 とし，O_7 から直線 AI に引いた垂線を $O_7 J$ とする．

$\quad r$ ：大円 O の直径，r_1 ：日円 O_1, O_1' の直径，r_2 ：月半円 O_2, O_2' の直径

$\quad r_3$ ：水円 O_3 の直径，r_4 ：金円 O_4 の直径，r_5 ：土円 O_5 の直径

$\quad r_6$ ：火円 O_6 の直径，r_7 ：木円 O_7 の直径

$\quad h = AH$

とおく．

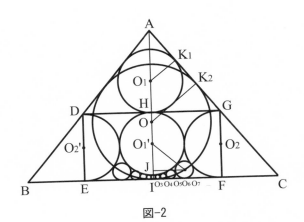

図-2

最初に，r を r_1 と r_3 で表す．

$\Delta AK_1O_1 \backsim \Delta AK_2O$ より， $AO_1:O_1K_1 = AO:OK_2$. すなわち

$$(h-\frac{r_1}{2}):\frac{r_1}{2} = (h+r_1+r_3-\frac{r}{2}):\frac{r}{2} \tag{15}$$

したがって

$$r = \frac{(h+r_1+r_3)r_1}{h} \tag{16}$$

$\Delta AK_1O_1 \backsim \Delta AHG$ より

$$AK_1:O_1K_1 = AH:GH \tag{17}$$

ここで， $AH = h$ ， $O_1K_1 = r_1/2$. また，三平方の定理より[*3]

$$AK_1 = \sqrt{(h-\frac{r_1}{2})^2 - (\frac{r_1}{2})^2} = \sqrt{h^2 - hr_1} \tag{18}$$

公式より[*4]

$$GH = \sqrt{r_1 r_2} \tag{19}$$

これらを(17)に代入して整理すると

$$h = \frac{4r_1 r_2}{4r_2 - r_1} \tag{20}$$

$r_2 = r_1 + r_3$ なので

$$h = \frac{4r_1(r_1+r_3)}{3r_1 + 4r_3} \tag{21}$$

(21)を(16)に代入して

$$r = \frac{7r_1 + 4r_3}{4} \tag{22}$$

　次に， r_4, r_5, r_6, r_7 を，順に， r_1 と r_3 で表す.
3つの円 O_1', O_3, O_4 について，公式より[*5]

$$(r_3+r_4)r_2 - r_3 r_4 - 2\sqrt{r_1 r_2 r_3 r_4} = 0 \tag{23}$$

したがって

$$(r_2-r_3)^2 r_4{}^2 - 2r_2 r_3(2r_1 - r_2 + r_3)r_4 + r_2{}^2 r_3{}^2 = 0 \tag{24}$$

これに $r_2 = r_1 + r_3$ を代入して

$$r_1^2 r_4^2 - 2(r_1 + r_3)r_1 r_3 r_4 + (r_1 + r_3)^2 r_3^2 = 0 \tag{25}$$

これより

$$\{r_1 r_4 - (r_1 + r_3)r_3\}^2 = 0 \tag{26}$$

したがって

$$r_4 = \frac{(r_1 + r_3)r_3}{r_1} \tag{27}$$

同様に，3つの円 O_1', O_4, O_5 について

$$(r_4 + r_5)r_2 - r_4 r_5 - 2\sqrt{r_1 r_2 r_4 r_5} = 0 \tag{28}$$

したがって

$$(r_2 - r_4)^2 r_5^2 - 2r_2 r_4(2r_1 - r_2 + r_4)r_5 + r_2^2 r_4^2 = 0 \tag{29}$$

これに $r_2 = r_1 + r_3$，(27) の r_4 を代入して

$$(r_1 - r_3)^2 r_5^2 - 2r_3(r_1^2 + r_3^2)r_5 + (r_1 + r_3)^2 r_3^2 = 0 \tag{30}$$

これを因数分解して[*6]

$$\{(r_1 - r_3)^2 r_5 - (r_1 + r_3)^2 r_3\}(r_5 - r_3) = 0 \tag{31}$$

$r_5 \neq r_3$ なので

$$r_5 = \frac{(r_1 + r_3)^2 r_3}{(r_1 - r_3)^2} \tag{32}$$

また，3つの円 O_1', O_5, O_6 について

$$(r_5 + r_6)r_2 - r_5 r_6 - 2\sqrt{r_1 r_2 r_5 r_6} = 0 \tag{33}$$

したがって

$$(r_2 - r_5)^2 r_6^2 - 2r_2 r_5(2r_1 - r_2 + r_5)r_6 + r_2^2 r_5^2 = 0 \tag{34}$$

これに $r_2 = r_1 + r_3$，(32) の r_5 を代入して

$$r_1^2(r_1 - 3r_3)^2 r_6^2 - 2r_1 r_3(r_1 + r_3)(r_1^2 - 2r_1 r_3 + 5r_3^2)r_6 + (r_1 + r_3)^4 r_3^2 = 0 \tag{35}$$

これを因数分解して

$$\{r_1(r_1 - 3r_3)^2 r_6 - (r_1 + r_3)^3 r_3\}\{r_1 r_6 - (r_1 + r_3)r_3\} = 0 \tag{36}$$

$r_6 \neq r_4$ なので, (27), (36)より

$$r_6 = \frac{(r_1 + r_3)^3 r_3}{r_1(r_1 - 3r_3)^2} \tag{37}$$

また, 3つの円 $O_1{}'$, O_6, O_7 について

$$(r_6 + r_7)r_2 - r_6 r_7 - 2\sqrt{r_1 r_2 r_6 r_7} = 0 \tag{38}$$

したがって

$$(r_2 - r_6)^2 r_7{}^2 - 2r_2 r_6(2r_1 - r_2 + r_6)r_7 + r_2{}^2 r_6{}^2 = 0 \tag{39}$$

これに $r_2 = r_1 + r_3$, (37)の r_6 を代入して

$$(r_1 - r_3)^2(r_1{}^2 - 6r_1 r_3 + r_3{}^2)^2 r_7{}^2$$

$$- 2(r_1 + r_3)^2 r_3(r_1{}^4 - 6r_1{}^3 r_3 + 18r_1{}^2 r_3{}^2 - 6r_1 r_3{}^3 + r_3{}^4)r_7 + (r_1 + r_3)^6 r_3{}^2 = 0 \tag{40}$$

これを因数分解して

$$\{(r_1{}^2 - 6r_1 r_3 + r_3{}^2)^2 r_7 - (r_1 + r_3)^4 r_3\}\{(r_1 - r_3)^2 r_7 - (r_1 + r_3)^2 r_3\} = 0 \tag{41}$$

$r_7 \neq r_5$ なので, (32), (41)より

$$r_7 = \frac{(r_1 + r_3)^4 r_3}{(r_1{}^2 - 6r_1 r_3 + r_3{}^2)^2} \tag{42}$$

一方, $\Delta O_1{}'JO_7$ について

$$O_1{}'J = \frac{r_1}{2} + r_3 - \frac{r_7}{2} \tag{43}$$

$$O_7 J = \sqrt{r_1 r_2} - \sqrt{r_2 r_7} \tag{44}$$

$$O_1{}'O_7 = \frac{r_1}{2} + \frac{r_7}{2} \tag{45}$$

三平方の定理より

$$\left(\frac{r_1}{2} + \frac{r_7}{2}\right)^2 = \left(\frac{r_1}{2} + r_3 - \frac{r_7}{2}\right)^2 + \left(\sqrt{r_1 r_2} - \sqrt{r_2 r_7}\right)^2 \tag{46}$$

(46)に $r_2 = r_1 + r_3$ を代入して整理すると

$$r_1 + r_3 = 2\sqrt{r_1 r_7} \qquad (47)$$

したがって

$$r_7 = \frac{(r_1 + r_3)^2}{4r_1} \qquad (48)$$

(42)，(48) より

$$r_1{}^4 - 16r_1{}^3 r_3 + 30r_1{}^2 r_2{}^2 - 16r_1 r_3{}^3 + r_3{}^4 = 0 \qquad (49)$$

これを因数分解して

$$(r_1 - r_3)^2 (r_1{}^2 - 14r_1 r_3 + r_3{}^2) = 0 \qquad (50)$$

したがって

$$r_3{}^2 - 14r_1 r_3 + r_1{}^2 = 0 \qquad (51)$$

これを解く[*7]．$r_3 < r_1$ なので

$$r_3 = (7 - \sqrt{48})r_1 \qquad (52)$$

これを (22) に代入して

$$r = \frac{35 - 4\sqrt{48}}{4} r_1 = (8.75 - \sqrt{48})r_1 \qquad (53)$$

これが術で述べられている．

注

[*1] 図-3 のように，2 つの円 O_1, O_2 に対して，共通外接線と共通内接線を引く．A, B, C, D, E, F, G, H は接点，P, Q, R, S, I は交点とする．また，円 O_3 は $\triangle IRS$ に J, K, L で接するとする．このとき

$$SD = RC = IJ \qquad (54)$$

これは，野村貞処著『矩合枢要（くごうすうよう）』に述べられている．新潟白山神社の算額 [no. 10] の注 2 参照．また

$$IJ = \frac{\sqrt{r_1 r_2 - (r_1 + r_2)r_3}}{2} \qquad (55)$$

$$RK = \frac{r_1 r_3}{2\sqrt{r_1 r_2 - (r_1 + r_2)r_3}} \tag{56}$$

$$SL = SK = \frac{r_2 r_3}{2\sqrt{r_1 r_2 - (r_1 + r_2)r_3}} \tag{57}$$

これは，白石長忠，御粥安本著『続神壁算法解義』において，播州明石柿本大明神社の算額の解法の中で述べられている．これを紹介する．

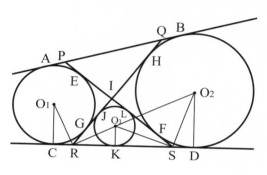

図-3

図-3 において，$\Delta O_2 DS \backsim \Delta SKO_3$ より，$O_2 D : SD = SK : O_3 K$．したがって

$$SK = \frac{r_2 r_3}{4SD} \tag{58}$$

$\Delta O_1 CR \backsim \Delta RKO_3$ より，$O_1 C : RC = RK : O_3 K$．したがって

$$RK = \frac{r_1 r_3}{4RC} \tag{59}$$

$\Delta O_2 DR \backsim \Delta RCO_1$ より，$O_2 D : RD = RC : O_1 C$．したがって

$$RD = \frac{r_1 r_2}{4RC} \tag{60}$$

$SD = RD - SK - RK$．（54）より $SD = RC$ なので，（58），（59），（60）より

$$SD^2 = RC(RD - SK - RK) = \frac{r_1 r_2 - (r_1 + r_2)r_3}{4} \tag{61}$$

したがって

$$IJ = SD = \frac{\sqrt{r_1 r_2 - (r_1 + r_2)r_3}}{2} \tag{62}$$

(58)，(59)，(62) より

$$SL = SK = \frac{r_2 r_3}{2\sqrt{r_1 r_2 - (r_1 + r_2)r_3}} \tag{63}$$

$$RK = \frac{r_1 r_3}{2\sqrt{r_1 r_2 - (r_1 + r_2)r_3}} \tag{64}$$

*2 相似記号を用いて説明したが，和算では，明らかに相似であることが分かる三角形について，直接，比例関係を述べる．

*3 三平方の定理は，公式として和算ではよく使われる．第3部 和算入門（3.1 鉤股弦）参照．

*4 山本賀前著『算法助術』の第 40 番の公式である．柏崎椎谷観音堂の算額[no.1]の注6参照．

*5 山本賀前著『算法助術』の第 47 番の公式である．図-4 のように，円 O_1, O_2 は直線 l 上にあり，円 O_3 は円 O_1, O_2 に接している．また，直線 AB は，円 O_3 の直線 l からの高さを表す．

$$h = AB，\quad r_k：円 O_k の直径$$

とおく．このとき

$$(r_1 + r_2)h - r_1 r_2 - 2\sqrt{r_1 r_2 r_3 h} = 0 \tag{65}$$

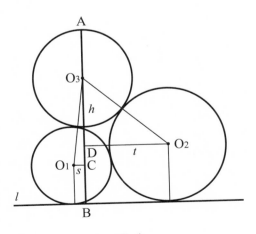

図-4

これを『算法助術解義』（金原文庫）により解説する．図-4 において，

O_1, O_2 から直線 AB に引いた垂線を，それぞれ， O_1C, O_2D とし

$$s = O_1C , \quad t = C_2D$$

とおく．

ΔO_1CO_3 について，三平方の定理より

$$s^2 = (\frac{r_1}{2} + \frac{r_3}{2})^2 - (h - \frac{r_1}{2} - \frac{r_3}{2})^2 = h(r_1 + r_3) - h^2 \tag{66}$$

同様に， ΔO_2DO_3 について

$$t^2 = h(r_2 + r_3) - h^2 \tag{67}$$

$u = s + t$ とおくと，注 4 の公式より

$$u = \sqrt{r_1 r_2} \tag{68}$$

また， $u = s + t$ より

$$t^2 = u^2 - 2us + s^2 \tag{69}$$

これに (66)，(67)，(68) を代入して

$$2us = hr_1 + r_1r_2 - hr_2 \tag{70}$$

両辺を 2 乗して整理すると

$$-4u^2s^2 + h^2r_1^2 + r_1^2r_2^2 + h^2r_2^2 + 2hr_1^2r_2 - 2hr_1r_2^2 - 2h^2r_1r_2 = 0 \tag{71}$$

これに (66)，(68) を代入して整理すると

$$(hr_1 + hr_2 - r_1r_2)^2 = 4hr_1r_2r_3 \tag{72}$$

図 -4 において，算額の問題のように， $h > r_2/2,\ r_1 \leqq r_2$ とすると， $h(r_1 + r_2) > (r_2/2) \cdot 2r_1 = r_1r_2$ ．したがって，(72) より (65) が得られる．

*6 和算でも因数分解は行われた．長岡蒼柴神社の算額 [no. 2] の注 9 参照．(31) のもう 1 つの解は $r_5 = r_3$ であるが，これは求める解ではない．3 つの円 O_1', O_4, O_5 の関係から O_5 の直径を求めようとするとき，O_3 の直径も解となるのは当然である．

*7 2 次方程式の解の公式は知られていた．長岡蒼柴神社の算額 [no. 2] の注 6 参照．

No.13 与板都野神社の算額（３）

[掲額地]長岡市与板（旧三島郡与板町）都野神社 ／ [掲額年]文化5（1808）年 ／ [流派]関流 ／ [師]太田正儀 ／ [掲額者] 松浦孚重・竹内度貞 ／ [資料] 賽祠神算

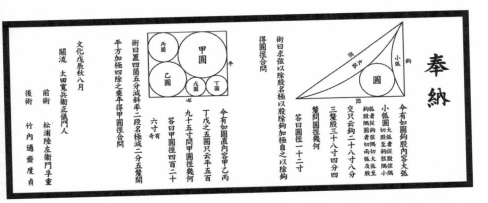

1．算額の説明

　　中村時万編『賽祠神算』に「越後州三島郡与板八幡宮」として，　文化5（1808）年，長岡市与板（旧三島郡与板町）の都野神社に奉納された算額が集録されている．都野神社は，江戸時代に与板八幡宮とも呼ばれていた．この算額は現存しない．これを『賽祠神算』の説明文と図に基づいて復元した（口絵-13）．

　　算額を奉納した松浦孚重は，与板藩の人である[*1]．竹内度貞については不明である．師の太田正儀は長岡藩勘定方役人で，関流宗統五伝日下誠の門人である．付録「和算の流派および越後の和算家」参照．

　　算額の問題は，図形の問題が2題である．当時の解法を推測する．

2．額文の解説

第1問

[書下し文]

今，図の如く，鉤股の内に大弧，小弧，円を容るる有り．大弧は，股弦の隅にて股に切してより鉤弦の隅に至る．小弧は，鉤弦の隅にて大弧に切してよ

り鈎股の隅に至る．円は，両弧及び股に切し交はる．只云ふ．鈎二十八寸八分三厘，股三十八寸四分四厘．円径幾何と問ふ．

　答へて曰く，円径一十二寸．

　術に曰く，弦を求めて以て股を除し，極と名づく．股を以て鈎を除し，極を加ふ．これを自らして以て鈎を除し，円径を得て問ひに合す．

[現代語訳]

図のように，直角三角形の中に，大弧，小弧，円がある．大弧は底辺と斜辺の隅で底辺に接し，縦の辺と斜辺の隅に至る．小弧は縦の辺と斜辺の隅で大弧に接し，縦の辺と底辺の隅に至る．円は2つの弧および底辺に接する．ただし，高さは28寸8分3厘，底辺は38寸4分4厘とする．円の直径はいくらか．

　答．円の直径は12寸である．

　術．底辺 a，高さ b の直角三角形の斜辺 $\sqrt{a^2+b^2}$ で底辺 a を割って，極と名づける．底辺 a で高さ b を割って，極を加える．これを2乗し，それで高さ b を割って，円の直径 r を得る．答えは題意に合う．

$$r = \frac{b}{\left(\dfrac{a}{\sqrt{a^2+b^2}} + \dfrac{b}{a} \right)^2}$$

第2問

[書下し文]

今，図の如く，直の内に，甲乙丙丁戊の五円を容るる有り．只云ふ，平五百九十五寸．甲円径幾何と問ふ．

　答へて曰く，甲円径四百二十六寸奇有り*2.

　術に曰く，四箇五分を置き，斜率二段を減じ，極と名づく．二分五厘を減じ，平方に開き，極を加ふ．これを四除し，平を乗じ，甲円径を得て問ひに合す．

[現代語訳]

図のように，長方形の中に，甲，乙，丙，丁，戊の5個の円がある．ただし，長方形の縦は595寸とする．甲円の直径はいくらか．

　答．甲円の直径は426寸と少しある．

術．4.5 から $2\sqrt{2}$ を引き，極と名づける．0.25 を引き，平方根を取って，極を加える．これを 4 で割って，縦 a を掛け，甲円の直径 r_1 を得る．答えは題意に合う．

$$r_1 = \frac{4.5 - 2\sqrt{2} + \sqrt{4.5 - 2\sqrt{2} - 0.25}}{4} a$$

3．術の解説

第1問

図-1 のように，直角三角形を ΔABC，大弧の円を O_1，小弧の円を O_2 とし，円を O とする．また，O から辺 BC に引いた垂線を OD，A から直線 O_1B に引いた垂線を AE，O_2 から辺 AC に引いた垂線を O_2F，O_2 から BC の延長線上に引いた垂線を O_2G，O から直線 O_2G に引いた垂線を OH とする．

$a = BC$ ：股，$b = AC$ ：鉤

r ：円 O の直径，r_1 ：円 O_1 （大弧）の直径，r_2 ：円 O_2 （小弧）の直径

とおく．

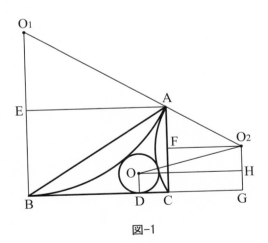

図-1

図-1 において，ΔAEO_1 について，三平方の定理より[*3]

$$a^2 + (\frac{r_1}{2} - b)^2 = \frac{r_1^2}{4} \tag{1}$$

したがって

$$r_1 = \frac{a^2 + b^2}{b} \tag{2}$$

$\Delta AEO_1 \backsim \Delta O_2 FA$ より[4]，$AO_1 : O_1 E = O_2 A : AF$．すなわち

$$\frac{r_1}{2} : (\frac{r_1}{2} - b) = \frac{r_2}{2} : \frac{b}{2} \tag{3}$$

したがって

$$r_2 = \frac{b r_1}{r_1 - 2b} \tag{4}$$

(4)に(2)を代入して

$$r_2 = \frac{(a^2 + b^2)b}{a^2 - b^2} \tag{5}$$

$k = O_2 F = CG$ とおく．

また，$\Delta AEO_1 \backsim \Delta O_2 FA$ より，$AO_1 : AE = O_2 A : O_2 F$．すなわち

$$\frac{r_1}{2} : a = \frac{r_2}{2} : k \tag{6}$$

したがって

$$k = \frac{a r_2}{r_1} \tag{7}$$

図-1 より，公式を用いて[5]

$$OH = BC + CG - BD = a + \frac{a r_2}{r_1} - \sqrt{r r_1} \tag{8}$$

$\Delta O_2 HO$ について，三平方の定理より

$$(a + \frac{a r_2}{r_1} - \sqrt{r r_1})^2 + (\frac{b}{2} - \frac{r}{2})^2 = (\frac{r}{2} + \frac{r_2}{2})^2 \tag{9}$$

これより，$\sqrt{r}$ の式を得る．

$$(r_1 - \frac{b}{2} - \frac{r_2}{2})(\sqrt{r})^2 - \frac{2a(r_1 + r_2)}{\sqrt{r_1}}\sqrt{r} + \frac{a^2(r_1 + r_2)^2}{r_1{}^2} + \frac{b^2}{4} - \frac{r_2{}^2}{4} = 0 \tag{10}$$

$\Delta O_2 FA$ について，三平方の定理より

$$k^2 = \frac{a^2 r_2{}^2}{r_1{}^2} = \frac{r_2{}^2}{4} - \frac{b^2}{4} \tag{11}$$

これを(10)の最後の項に代入して

$$r_1(2r_1 - b - r_2)(\sqrt{r})^2 - 4a\sqrt{r_1}(r_1 + r_2)\sqrt{r} + 2a^2(r_1 + 2r_2) = 0 \tag{12}$$

これに(2)，(5)を代入して整理すると

$$(a^4 - b^4 - a^2b^2)(\sqrt{r})^2 - 2a^3\sqrt{b}\sqrt{a^2+b^2}\sqrt{r} + a^2b(a^2+b^2) = 0 \tag{13}$$

これを解いて[*6]

$$\sqrt{r} = \frac{a^3\sqrt{b}\sqrt{a^2+b^2} - ab(a^2+b^2)\sqrt{b}}{a^4 - b^4 - a^2b^2}$$

$$= \frac{a\sqrt{b}\sqrt{a^2+b^2}(a^2 - b\sqrt{a^2+b^2})}{a^4 - b^2(a^2+b^2)}$$

$$= \frac{a\sqrt{b}\sqrt{a^2+b^2}}{a^2 + b\sqrt{a^2+b^2}} = \frac{\sqrt{b}}{\dfrac{a}{\sqrt{a^2+b^2}} + \dfrac{b}{a}} \tag{14}$$

すなわち

$$r = \frac{b}{\left(\dfrac{a}{\sqrt{a^2+b^2}} + \dfrac{b}{a}\right)^2} \tag{15}$$

これが術で述べられている．今，$a = 38.44$, $b = 28.83$ なので $r = 12$ ．

第2問

図-2 のように，長方形を $ABCD$，甲円を O_1，乙円を O_2，丙円を O_3，丁円を O_4，戊円を O_5 とする．

$a = AB$ ：平（長方形の縦）

r_1：甲円 O_1 の直径，r_2：乙円 O_2 の直径，r_3：丙円 O_3 の直径

r_4：丁円 O_4 の直径，r_5：戊円 O_5 の直径

とおく．

図-2 の 3 つの円 O_1, O_3, O_2 について，公式より[*7]

$$a(r_1 + r_3) - r_1r_3 - 2\sqrt{ar_1r_2r_3} = 0 \tag{16}$$

また，公式を用いて[*5]，AB を表すと

$$\frac{r_2}{2} + \sqrt{r_2 r_3} + \frac{r_3}{2} = a \tag{17}$$

すなわち

$$\sqrt{r_2} + \sqrt{r_3} = \sqrt{2a} \tag{18}$$

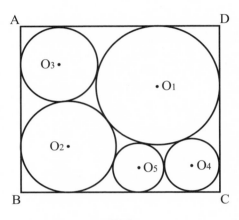

図-2

(16)，(18) より $\sqrt{r_2}$ の式を得る.

$$(a + 2\sqrt{ar_1} - r_1)(\sqrt{r_2})^2 - 2\sqrt{2a}(a + \sqrt{ar_1} - r_1)\sqrt{r_2} + (2a^2 - ar_1) = 0 \tag{19}$$

これを解いて[*8]

$$\sqrt{r_2} = \frac{\sqrt{2a}(a + \sqrt{ar_1} - r_1) - \sqrt{ar_1}(\sqrt{a} - \sqrt{r_1})}{a + 2\sqrt{ar_1} - r_1}$$

$$= \frac{\sqrt{a}\{\sqrt{a} - (\sqrt{2} - 1)\sqrt{r_1}\}(\sqrt{2a} + \sqrt{r_1})}{\{\sqrt{a} + (\sqrt{2} + 1)\sqrt{r_1}\}\{\sqrt{a} - (\sqrt{2} - 1)\sqrt{r_1}\}} = \frac{\sqrt{a}(\sqrt{2a} + \sqrt{r_1})}{\sqrt{a} + (\sqrt{2} + 1)\sqrt{r_1}} \tag{20}$$

したがって

$$\sqrt{\frac{r_2}{a}} = \frac{\sqrt{2} + \sqrt{\dfrac{r_1}{a}}}{1 + (\sqrt{2} + 1)\sqrt{\dfrac{r_1}{a}}} \tag{21}$$

更に，(17) と同様に，$CD = a$ より

$$\frac{r_1}{2} + \sqrt{r_1 r_4} + \frac{r_4}{2} = a \tag{22}$$

すなわち

$$\sqrt{r_1} + \sqrt{r_4} = \sqrt{2a} \tag{23}$$

したがって

$$\sqrt{\frac{r_4}{a}} = \sqrt{2} - \sqrt{\frac{r_1}{a}} \tag{24}$$

一方，3 つの円 O_4, O_5, O_1 について，(16) と同様に

$$a(r_4 + r_5) - r_4 r_5 - 2\sqrt{a r_1 r_4 r_5} = 0 \tag{25}$$

また，3 つの円 O_2, O_5, O_1 について

$$a(r_2 + r_5) - r_2 r_5 - 2\sqrt{a r_1 r_2 r_5} = 0 \tag{26}$$

(25) と (26) より r_1 を消去し，r_5 について解いて

$$r_5 = \frac{\sqrt{r_2 r_4}\, a}{a + \sqrt{r_2 r_4}} \tag{27}$$

(27) を (25) に代入して，$\sqrt{r_5}$ を求めると

$$\sqrt{r_5} = \frac{(\sqrt{r_2} + \sqrt{r_4})a\sqrt{a}}{2\sqrt{r_1}\,(a + \sqrt{r_2 r_4})} \tag{28}$$

(27)，(28) より r_5 を消去して

$$4 r_1 \sqrt{r_2 r_4}\,(a + \sqrt{r_2 r_4}) = (\sqrt{r_2} + \sqrt{r_4})^2 a^2 \tag{29}$$

両辺を $a^2 \sqrt{r_2 r_4}$ で割って

$$\frac{4 r_1}{a}\left(1 + \sqrt{\frac{r_2}{a} \cdot \frac{r_4}{a}}\right) = \frac{\sqrt{\dfrac{r_2}{a}}}{\sqrt{\dfrac{r_4}{a}}} + \frac{\sqrt{\dfrac{r_4}{a}}}{\sqrt{\dfrac{r_2}{a}}} + 2 \tag{30}$$

(21)，(24) を (30) に代入する．$x = r_1/a$ とおいて整理すると

$$4x^3 - 4(1+\sqrt{2})x^2\sqrt{x} - (23+2\sqrt{2})x^2 + (16+14\sqrt{2})x\sqrt{x}$$
$$+ 26x - (8+8\sqrt{2})\sqrt{x} - 8 = 0 \tag{31}$$

$X = \sqrt{x}$ の 6 次方程式を因数分解して元に戻すと[*9]

$$(\sqrt{x}+2)\{\sqrt{x}-(2+\sqrt{2})\}\{2x-\sqrt{x}-(2-\sqrt{2})\}(2x-\sqrt{x}-2) = 0 \tag{32}$$

$0 < \sqrt{x} < 1$ なので

$$2x - \sqrt{x} - (2-\sqrt{2}) = 0 \tag{33}$$

これより $\sqrt{x}$ の式を得る.

$$2(\sqrt{x})^2 - \sqrt{x} - (2-\sqrt{2}) = 0 \tag{34}$$

これを解いて[*10]

$$\sqrt{x} = \frac{1+\sqrt{17-8\sqrt{2}}}{4} \tag{35}$$

したがって

$$x = \frac{\frac{9}{2} - 2\sqrt{2} + \sqrt{\frac{9}{2} - 2\sqrt{2} - \frac{1}{4}}}{4} \tag{36}$$

すなわち

$$r_1 = \frac{4.5 - 2\sqrt{2} + \sqrt{4.5 - 2\sqrt{2} - 0.25}}{4}a \tag{37}$$

これが術で述べられている. 今, $a = 595$ なので, $r_1 = 426.00069$ である.

注

*1 山口和著『道中日記』に, 文化 6 年, 都野神社に奉納された算額の記載があり, 与板藩松浦陸左衛門とある.

*2 有奇でもよい. 戸田芳郎監修『全訳漢辞海』の例文に拠った.

*3 三平方の定理は, 公式として和算ではよく使われる. 第 3 部 和算入門（3.1 鉤股弦）参照.

*4 相似記号を用いて説明したが, 和算では, 明らかに相似であることが

分かる三角形について，直接，比例関係を述べる．

*5 山本賀前著『算法助術』の第 40 番の公式を使う．柏崎椎谷観音堂の算額[no.1]の注 6 参照．

*6 2 次方程式の解の公式は知られていた．長岡蒼柴神社の算額[no.2]の注 6 参照．複号が (+) のときは

$$\frac{a}{\sqrt{a^2+b^2}}-\frac{b}{a}<1-\frac{b}{a}<1 \tag{38}$$

なので，(15) より $r>b$ となり不適当である．

*7 山本賀前著『算法助術』の第 47 番の公式である．新発田諏訪神社の算額[no.12]の注 5 参照．

*8 2 次方程式の解の公式は知られていた．長岡蒼柴神社の算額[no.2]の注 6 参照．2 次方程式の解の公式の複号が (+) のときは

$$\sqrt{r_2}=\frac{\sqrt{a}(\sqrt{2a}-\sqrt{r_1})}{\sqrt{a}-(\sqrt{2}-1)\sqrt{r_1}} \tag{39}$$

したがって

$$\sqrt{r_3}=\frac{\sqrt{ar_1}}{\sqrt{2a}+\sqrt{a}-\sqrt{r_1}}<\frac{\sqrt{ar_1}}{\sqrt{2a}}=\sqrt{\frac{r_1}{2}} \tag{40}$$

このとき，図-2 のようにはならず不適当である．

*9 和算でも因数分解は行われた．長岡蒼柴神社の算額[no.2]の注 9 参照．

*10 2 次方程式の解の公式の複号が (-) のとき，(35) の右辺は負になり不適当である．

No.14　小千谷二荒神社の算額

[掲額地]小千谷二荒神社　/　[掲額年]天保4(1833)年　/　[流派]－　/　[師]－　/
[掲額者]佐藤解記・仲算正・渡部吉矩　/　[資料]算法解集

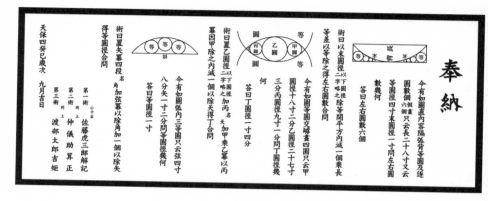

1．算額の説明

　佐藤解記著『算法解集』は，算法書の問題など10題の問題を解いたものである．その中に「所掲小千谷日光社一事」として，天保4(1833)年，佐藤解記らが小千谷市の二荒神社に奉納した算額の問題と解法が記されている．この算額は現存しない．これを『算法解集』の説明文と図に基づいて復元した（口絵-14）．

　佐藤解記は小千谷の人で，縮布商，後年，薬種商を営み，その傍ら，数学，暦学を学んだ．雪山と号した．初め独学で学び，その後，山口和に師事した．山口和とともに当時の著名な和算家長谷川寛の高弟である．付録「和算の流派および越後の和算家」参照．

2．額文の解説

第1問

[書下し文]

今，図の如く，直の内に弧背を隔て，等円および逐円数個を容るる有り．仮に六個を画く．只云ふ，長二十八寸．又云ふ，等円径四寸，末円径一寸．左右円数幾何と問ふ．

答へて曰く，左右円数六個.

術に曰く，末円径（以下，円径二字これを略す）を以て等を除し，平方に開く．内，一個を減じ，長等差を乗ず．等を以てこれを除し，左右円数を得て問ひに合す．

［現代語訳］

図のように，長方形の中に弧を隔て，等円とそれを逐って幾つかの円がある．仮に 6 個を画く．ただし，長方形の横は 28 寸．また，等円の直径は 4 寸，末円の直径は 1 寸とする．（等円を除く）左右の（逐）円の個数はいくつか．

　答．左右の（逐）円の個数は 6 個である．

　術．末円の直径 r_n で等円の直径 r_1 を割って，平方根を取る．これから 1 を引き，長 a と等円の直径 r_1 との差を掛ける．これを等円の直径 r_1 で割って，（等円を除く）左右の（逐）円の個数 N を得る．答えは題意に合う．

$$N = \frac{(a - r_1)\left(\sqrt{\dfrac{r_1}{r_n}} - 1\right)}{r_1}$$

第 2 問

［書下し文］

今，図の如く，等円の交罅に四円を画く有り．只云ふ，甲円径十八寸二分，乙円径二十七寸三分，丙円径九寸一分．丁円径幾何と問ふ．

　答へて曰く，丁円径一寸四分．

　術に曰く，乙円径（以下，円径二字これを略す）を置き，丙を加へ，天と名づく．甲を加へ，乙冪を乗じ，丙冪因甲を以てこれを除す*1．内，一個を減じて以て天を除し，丁を得て問ひに合す．

［現代語訳］

図のように，等円の間に 4 個の円がある．ただし，甲円の直径は 18 寸 2 分，乙円の直径は 27 寸 3 分，丙円の直径は 9 寸 1 分とする．丁円の直径はいくらか．

　答．丁円の直径は 1 寸 4 分である．

　術．乙円の直径 r_2 に丙円の直径 r_3 を加え，天と名づける．甲円の直径 r_1 を加え，乙円の直径 r_2 の 2 乗を掛け，丙円の直径 r_3 の 2 乗掛ける甲円の直

径 r_1 で，これを割る．これから 1 を引き，それで天を割って，丁円の直径 r_4 を得る．答えは題意に合う．

$$r_4 = \frac{r_2 + r_3}{\dfrac{(r_1 + r_2 + r_3)r_2^2}{r_1 r_3^2} - 1}$$

第3問

［書下し文］

今，図の如く，弧の内に三等円有り．只云ふ，弦四寸八分，矢一寸二分．等円径幾何と問ふ．

答へて曰く，等円径一寸．

術に曰く，矢冪四段を置き，角と名づく．弦冪を加へて以て角を除す．一個を加へて以て矢を除し，等円径を得て問ひに合す．

［現代語訳］

図のように，弧の中に3個の等円がある．ただし，弦は4寸8分，矢は1寸2分とする．等円の直径はいくらか．

答．等円の直径は1寸である．

術．矢 b の2乗を4倍し，角と名づける．弦 a の2乗を加え，それで角を割る．1を加え，それで矢 b を割って，等円の直径 r_1 を得る．答えは題意に合う．

$$r_1 = \frac{b}{\dfrac{4b^2}{a^2 + 4b^2} + 1}$$

3．術の解説

佐藤解記著『算法解集』に記されている解法を紹介する．

第1問

図-1 のように，弧背（円）を O，等円を O_1，逐円を O_k（末円は O_n）とする．

$a = 2AT$: 長（長方形の横）， r : 円 O の直径

r_1 : 等円 O_1 の直径， r_k : 逐円 O_k の直径， r_n : 末円 O_n の直径

とおく．

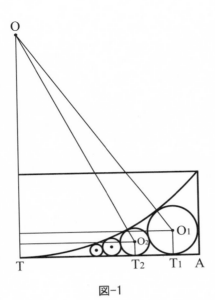

図-1

図-1 より

$$T_1T_2 = TT_1 - TT_2 \tag{1}$$

公式より[*2]

$$\sqrt{r_1r_2} = \sqrt{rr_1} - \sqrt{rr_2} \tag{2}$$

これより

$$\sqrt{r_1} = \frac{\sqrt{r}\sqrt{r_2}}{\sqrt{r} - \sqrt{r_2}} \tag{3}$$

同様に

$$\sqrt{r_2} = \frac{\sqrt{r}\sqrt{r_3}}{\sqrt{r} - \sqrt{r_3}} \tag{4}$$

(4)を(3)に代入して

$$\sqrt{r_1} = \frac{\sqrt{r}\sqrt{r_3}}{\sqrt{r} - 2\sqrt{r_3}} \tag{5}$$

一般に

$$\sqrt{r_1} = \frac{\sqrt{r}\sqrt{r_n}}{\sqrt{r} - (n-1)\sqrt{r_n}} \tag{6}$$

これより

$$(n-1)\sqrt{r_1}\sqrt{r_n} - \sqrt{r}\sqrt{r_1} + \sqrt{r}\sqrt{r_n} = 0 \tag{7}$$

また，図-1 より

$$TT_1 = TA - T_1A \tag{8}$$

公式より[*2]

$$\sqrt{rr_1} = \frac{a}{2} - \frac{r_1}{2} \tag{9}$$

これより

$$2\sqrt{r}\sqrt{r_1} + r_1 - a = 0 \tag{10}$$

(7)，(10) より，それぞれ，$\sqrt{r}$ の式を得る．

$$(n-1)\sqrt{r_1}\sqrt{r_n} - (\sqrt{r_1} - \sqrt{r_n})\sqrt{r} = 0 \tag{11}$$

$$-(a - r_1) + 2\sqrt{r_1}\sqrt{r} = 0 \tag{12}$$

(11)，(12) より $\sqrt{r}$ を消去する．

$$2(n-1)r_1\sqrt{r_n} - (a - r_1)(\sqrt{r_1} - \sqrt{r_n}) = 0 \tag{13}$$

$N = 2(n-1)$ とおく．これが等円を逐った左右の円の個数である（等円は除く）．(13) を $\sqrt{r_n}$ で割って

$$Nr_1 - (a - r_1)\left(\sqrt{\frac{r_1}{r_n}} - 1\right) = 0 \tag{14}$$

したがって

$$N = \frac{(a - r_1)\left(\sqrt{\dfrac{r_1}{r_n}} - 1\right)}{r_1} \tag{15}$$

これが術で述べられている．今，$r_1 = 4$，$r_n = 1$，$a = 28$ なので，$N = 6$．

『算法解集』では、(7)，(10)，(11)，(12)，(14)の式が記述されている．
他は補った．

第2問

図-2のように，2つの等円の交点を結ぶ直線を AB，一方の等円を O，甲円を O_1，乙円を O_2，丙円を O_3，丁円を O_4 とし，O から直線 AB に引いた垂線を OC とする．

> r：等円（弧）O の直径
> r_1：甲円 O_1 の直径，r_2：乙円 O_2 の直径
> r_3：丙円 O_3 の直径，r_4：丁円 O_4 の直径
> $OO_1 = s_1$，$OO_2 = s_2$，$OO_3 = s_3$，$OO_4 = s_4$
> $O_1O_2 = t_1$，$O_1O_3 = t_2$，$O_2O_3 = t_3$，$O_2O_4 = t_4$
> $CO_1 = u_1$，$CO_2 = u_2$

とおく．

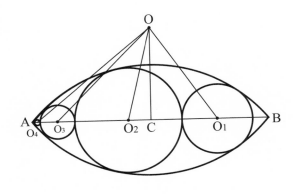

図-2

このとき

$$s_1 = \frac{r}{2} - \frac{r_1}{2}, \quad s_2 = \frac{r}{2} - \frac{r_2}{2}, \quad s_3 = \frac{r}{2} - \frac{r_3}{2}$$

$$t_1 = \frac{r_1}{2} + \frac{r_2}{2}, \quad t_2 = \frac{r_1}{2} + r_2 + \frac{r_3}{2}, \quad t_3 = \frac{r_2}{2} + \frac{r_3}{2}, \quad t_4 = \frac{r_2}{2} + r_3 + \frac{r_4}{2} \tag{16}$$

ΔOO_1O_3 について，ΔOCO_1，ΔOCO_3 に三平方の定理を用いて[*3]

— 131 —

$$s_1{}^2 - u_1{}^2 = s_3{}^2 - (t_2 - u_1)^2 \tag{17}$$

これより

$$u_1 = \frac{t_2{}^2 + s_1{}^2 - s_3{}^2}{2t_2} \tag{18}$$

が成り立つ*4.

同様に，ΔOO_1O_2 について

$$u_1 = \frac{t_1{}^2 + s_1{}^2 - s_2{}^2}{2t_1} \tag{19}$$

(18)，(19) より

$$\frac{t_2{}^2 + s_1{}^2 - s_3{}^2}{2t_2} - \frac{t_1{}^2 + s_1{}^2 - s_2{}^2}{2t_1} = 0 \tag{20}$$

(20)に(16)を代入して整理すると

$$r_2{}^2 r_3 + r_1 r_2 r_3 + r_2{}^3 + r_1 r_2{}^2 + r(r_1 r_3 - r_2{}^2) = 0 \tag{21}$$

ΔOO_2O_4，ΔOO_2O_3 についても同様の結果が得られる．すなわち，(21) の r_1, r_2, r_3 を，それぞれ，r_2, r_3, r_4 に換えて

$$r_3{}^2 r_4 + r_2 r_3 r_4 + r_3{}^3 + r_2 r_3{}^2 + r(r_2 r_4 - r_3{}^2) = 0 \tag{22}$$

(22)$\times (r_1 r_3 - r_2{}^2) - (21)\times (r_2 r_4 - r_3{}^2)$ より，r を消去して

$$r_1 r_2{}^2 r_3{}^2 + 2r_1 r_2 r_3{}^3 + r_1 r_4{}^4 + r_1 r_2 r_3{}^2 r_4 + r_1 r_3{}^3 r_4$$
$$- r_2{}^2 r_3{}^2 r_4 - 2r_2{}^3 r_3 r_4 - r_2{}^4 r_4 - r_1 r_2{}^3 r_4 - r_1 r_2{}^2 r_3 r_4 = 0 \tag{23}$$

これを整理すると

$$r_1 r_3{}^2 (r_2 + r_3)^2 + r_1 r_3{}^2 r_4 (r_2 + r_3) - r_2{}^2 r_4 (r_2 + r_3)^2 - r_1 r_2{}^2 r_4 (r_2 + r_3) = 0 \tag{24}$$

(24)を $r_2 + r_3$ で割って，r_4 の式を得る．

$$r_1 r_3{}^2 (r_2 + r_3) + \{ r_1 r_3{}^2 - (r_1 + r_2 + r_3) r_2{}^2 \} r_4 = 0 \tag{25}$$

すなわち

$$r_4 = \frac{r_1 r_3{}^2 (r_2 + r_3)}{(r_1 + r_2 + r_3) r_2{}^2 - r_1 r_3{}^2} = \frac{r_2 + r_3}{\dfrac{(r_1 + r_2 + r_3) r_2{}^2}{r_1 r_3{}^2} - 1} \tag{26}$$

これが術で述べられている．今，$r_1 = 18.2$，$r_2 = 27.3$，$r_3 = 9.1$ なので，
$r_4 = 1.4$．

『算法解集』では，(16)，(18)〜(25)の式が記述されている．他は補った．

第3問

図-3 のように，弧（円）を O，等円を O_1, O_2, O_3，弦を AB，矢を CD とし，
O_1 から矢 CD に引いた垂線を $O_1 E$ とする．

    $a = AB$：弦，　$b = CD$：矢

    r：円 O の直径，　r_1：等円 O_1, O_2, O_3 の直径

    $O_2 E = s$

とおく．

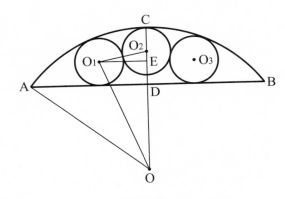

図-3

$\Delta O_1 E O_2$ と $\Delta O_1 E O$ について，三平方の定理より

$$r_1{}^2 - s^2 = \left(\frac{r - r_1}{2}\right)^2 - \left(\frac{r - r_1}{2} - s\right)^2 \tag{27}$$

これより

$$s = \frac{r_1{}^2}{r - r_1} \tag{28}$$

— 133 —

一方

$$s = b - r_1 \tag{29}$$

(28)，(29) より

$$\frac{r_1^2}{r - r_1} - b + r_1 = 0 \tag{30}$$

(30) より，r の式を得る．

$$-br_1 + (b - r_1)r = 0 \tag{31}$$

また，ΔODA について，三平方の定理より

$$(\frac{a}{2})^2 + (\frac{r}{2} - b)^2 = (\frac{r}{2})^2 \tag{32}$$

(32) より，r の式を得る．

$$a^2 + 4b^2 - 4br = 0 \tag{33}$$

(31)，(33) より，r を消去して

$$(a^2 + 4b^2)b - \{(a^2 + 4b^2) + 4b^2\}r_1 = 0 \tag{34}$$

これを $a^2 + 4b^2$ で割って，r_1 の式を得る．

$$b - \left(\frac{4b^2}{a^2 + 4b^2} + 1\right)r_1 = 0 \tag{35}$$

したがって

$$r_1 = \frac{b}{\dfrac{4b^2}{a^2 + 4b^2} + 1} \tag{36}$$

これが術で述べられている．今，$a = 4.8$，$b = 1.2$ なので，$r_1 = 1$．

『算法解集』では，(28)〜(31)，(33)〜(35) が記述されている．他は補った．

注

*1 千葉胤秀著『算法新書』では，甲因乙は，そのまま甲因乙，あるいは甲の因乙などとしている．甲掛ける乙という意味である．大矢真一著『和算入門』参照．

*2 山本賀前著『算法助術』の第 40 番の公式である．柏崎椎谷観音堂の算額[no. 1]の注 6 参照．

*3 三平方の定理は，公式として和算ではよく使われる．第 3 部 和算入門（3.1 鉤股弦）参照．

*4 (18)は山本賀前著『算法助術』の第 20 番の公式であり，(17)が証明である．これを書き直すと

$$s_3{}^2 = t_2{}^2 + s_1{}^2 - 2u_1 t_2 = t_2{}^2 + s_1{}^2 - 2s_1 t_2 \cos \angle OO_1C$$

すなわち，現代数学の余弦定理と同等である．

No.15　直江津府中八幡宮の算額

[掲額地]上越市直江津府中八幡宮　/　[掲額年]弘化4(1847)年　/　[流派]－　/
[師]小林惟孝　/　[掲額者]亀倉爲孝・村松正爲　/　[資料]順天堂算譜

奉納

今有置一算以法數一十九萬四千四百四十三除
之得不盡一則止問其一周數幾何　如七除者以
六位爲一周
答曰　一周九萬七千二百二十一位

今有如圖球穿去直形球　直
雨交　球徑若干直徑若干
直平若干問得穿去積及
面積術如何

答術曰置幂內減長幂餘名春開平方以除長擬
大弦相乘擬小弦以一個擬通圓徑依術求大
長名天地相併內減人餘乘徑得面積乘徑名
平名人天地相併內減人餘乘徑得面積乘徑名
怪身地天地相併內減人餘乘徑得面積乘徑名秋列
天乘春相併半名冬置春內減長幂餘開平方乘長
地夏春相併半名冬置春內減長幂餘開平方乘長
及平加秋及冬三除得穿去積合問

蠖齋小林先生門人
后越横川邨　亀倉德左衛門爲孝
后越長走邨　邨松民之助正爲

弘化四年丁未二月

1．算額の説明

　福田理軒編『順天堂算譜』に「所掲后越府中八幡宮者一事」として，直江津の府中八幡宮に奉納された算額が集録されている．『順天堂算譜』では，いくつかの算額を纏めて年代が記載されている．この算額は，弘化4(1847)年の箇所に記載されているので，これを奉納年代と考えることにする．この算額は現存しない．これを『順天堂算譜』の説明文と図に基づいて復元した（口絵-15）．

　算額を奉納したのは，亀倉為孝，村松正為の2名である．道脇義正，八田健二著『新潟の算額』によれば，亀倉は現在の上越市浦川原区横川の庄屋で酒屋を業とした．村松についての記述はないが，現在の上越市浦川原区長走の人と思われる．算額に蠖齋小林先生とあるのは，直江津の和算家小林惟孝のことである．小林惟孝は関流宗統六伝内田恭（五観）の門人である．付録「和算の流派および越後の和算家」参照．

　算額の問題は2題である．第1問は，循環小数の節位数を求める問題である．『順天堂算譜』の附巻では，循環小数の節位数を求めている．加藤平左

エ門著『和算ノ研究 整数論』に，これについての解説があり，これを参考に当時の解法を推測する．算額の多くは図形の問題であるが，そうではない例である．

　第2問は，球を直方体で穿つとき，穿去された面積および体積を求める問題である．当時の数学が高度な水準にあったことを示している．穿去された面積を求める問題は，斎藤宜義著『算法円理鑑』にもある．求積問題に対する和算家の解法は図解による区分求積法である．内田久命著『算法求積通考』は求積問題の概論であり，多くの求積問題が解かれた．これらを公式として，第2問の当時の解法を推測する．また，第2問は現代的解法も考察する．

2. 額文の解説

第1問

[書下し文]

今，一算を置き，法数一十九万四千四百四十三を以てこれを除する有り．不尽一を得て，すなはち，止む．その一周数幾何と問ふ．七除すれば，六位を以て一周となすが如し．

　答へて曰く，一周九万七千二百二十一位．

[現代語訳]

1 を 194443 で割って，余り 1 を得たら止める．その循環節の位数を求めよ．例えば，$1/7 = 0.\dot{1}4285\dot{7}$ なので，1/7 の循環節の位数は 6 である．

　答．97221 位．

第2問

[書下し文]

今，図の如く，球を穿去する直形有り．球直両心相交はる．球径若干，直長若干，直平若干．穿去積及び面積を得る術如何と問ふ．

　答術に曰く*¹，径冪を置き，内，平冪，長冪を減ずる余りを春，夏と名づく．平方に開きて以て長，平を除し，大弦，中弦に擬し，相乗して小弦に擬す．一個を以て通円径に擬し，術により，大背，中背，小背を求め，平，長，径を乗じ，天，地，人と名づく．天，地，相併せ，内，人を減ず．余りに径を乗じ，面積を得．径を乗じ，秋と名づく．天，地を列し，春，夏を乗

じ，相併せ，半ばして冬と名づく．春を置き，内，長冪を減じ，余りを平方
に開く．長及び平を乗じ，秋及び冬を加へ，三除し，穿去積を得て問ひに合
す．

［現代語訳］

図のように，球から長方形（直方体）を，球と長方形の中心が重なるように
くり貫く．球の直径，長方形の2辺は任意に与えられる．くり貫かれた体積
および（片側の）面積を得る術を述べよ．

　答術．球の直径 r の2乗から，それぞれ，平 a（長方形の縦），長 b（長
方形の横）の2乗を引いた余りを春 a_1，夏 a_2 と名づける．平方根を取り，
それで，それぞれ，長 b，平 a を割って，大弦 b_1，中弦 b_2 とし，大弦 b_1 と
中弦 b_2 を掛けて小弦 b_3 とする．円の直径を1として，大背 c_1，中背 c_2，小
背 c_3 を求め，それぞれ，平 a，長 b，直径 r を掛けて天 x_1，地 x_2，人 x_3 と
名づける．天 x_1 と地 x_2 の和から人 x_3 を引く．余りに直径 r を掛けて，くり
貫かれた（片側の）面積 S を得る．面積 S に直径 r を掛けて秋 y_1 と名づけ
る．天 x_1，地 x_2 に，それぞれ，春 a_1，夏 a_2 を掛けて加え，1/2 にして冬
y_2 と名づける．春 a_1 から長 b の2乗を引き，余りの平方根を取る．長 b と
平 a を掛け，秋 y_1 と冬 y_2 を加え，3 で割って，くり貫かれた体積 V を得る．
答えは題意に合う．

$$a_1 = r^2 - a^2 \text{（春）}, \quad a_2 = r^2 - b^2 \text{（夏）}$$

$$b_1 = \frac{b}{\sqrt{r^2 - a^2}} \text{（大弦）}, \quad b_2 = \frac{a}{\sqrt{r^2 - b^2}} \text{（中弦）}$$

$$b_3 = \frac{ab}{\sqrt{r^2 - a^2}\sqrt{r^2 - b^2}} \text{（小弦）}$$

$$c_1 = Sin^{-1}\frac{b}{\sqrt{r^2 - a^2}} \text{（大背）}, \quad c_2 = Sin^{-1}\frac{a}{\sqrt{r^2 - b^2}} \text{（中背）}$$

$$c_3 = Sin^{-1}\frac{ab}{\sqrt{r^2 - a^2}\sqrt{r^2 - b^2}} \text{（小背）}$$

$$x_1 = aSin^{-1}\frac{b}{\sqrt{r^2 - a^2}} \text{（天）}, \quad x_2 = bSin^{-1}\frac{a}{\sqrt{r^2 - b^2}} \text{（地）}$$

$$x_3 = r\,Sin^{-1}\frac{ab}{\sqrt{r^2 - a^2}\sqrt{r^2 - b^2}} \text{（人）}$$

$$S = (x_1 + x_2 - x_3)r$$

$$y_1 = rS \ (秋), \quad y_2 = \frac{1}{2}(a_1 x_1 + a_2 x_2) \ (冬)$$

$$V = \frac{1}{3}(ab\sqrt{a_1 - b^2} + y_1 + y_2)$$

3. 術の解説

第1問

加藤平左エ門著『和算ノ研究 整数論』の第七章零約術「循環小数に就いて」において, 循環小数に関する和算家の研究がまとめられている.

その中で, 山路主住著『一算得商術解』を紹介し, 現代数学の記号を用いて, 次のように述べている.

p が2または5でない素数とすると, $1/p$ の循環節の位数 N は

$$10^N \equiv 1 \quad (\bmod p) \tag{1}$$

を満足する最小整数であり, N は $\varphi(p) = p - 1$ の約数である.

ここで, (1)は, 10^N を p で割って余りが1であることを意味し, p を法として 10^N と1は合同であるという. また, $\varphi(p)$ は, p 以下の自然数で, p とは互いに素である数の個数を表すオイラーの φ 関数である. 今, p は素数なので, $\varphi(p) = p - 1$ となる. 例えば, 高木貞治著『初等整数論講義(第2版)』には, より一般的な結果が述べられている.

また, 福田理軒著『順天堂算譜』の附巻の「不尽一周之題術」を紹介し, 上述の結果を用いて, 1/167, 1/353, 1/80831 の節位数を求める方法を解説している. この方法で第1問を解く.

$$\frac{1}{194443} \tag{2}$$

の循環節の位数を求める問題である. 194443 は素数であり

$$194443 - 1 = 194442 = 2 \cdot 3 \cdot 23 \cdot 1409 \tag{3}$$

したがって, この約数は以下の16個である.

$$1, \quad 2, \quad 3, \quad 2 \cdot 3 = 6, \quad 23, \quad 2 \cdot 23 = 46, \quad 3 \cdot 23 = 69$$

$$2 \cdot 3 \cdot 23 = 138, \quad 1409, \quad 2 \cdot 1409 = 2818, \quad 3 \cdot 1409 = 4227$$

$$2 \cdot 3 \cdot 1409 = 8545, \quad 23 \cdot 1409 = 32407, \quad 2 \cdot 23 \cdot 1409 = 64814$$

$$3 \cdot 23 \cdot 1409 = 97221, \quad 194442$$

小さい方から順に (1) を満たすか確かめる．$N = 1, 2, 3, 6$ が (1) を満たさないことは容易に分かる．次に，(2) の除法を，例えば 8 位まで行い，余りを求めると

$$\frac{1}{194443} = 0.00000514 + \frac{56298}{194443} \cdot 10^{-8} \tag{4}$$

したがって

$$10^8 = 514 \cdot 194443 + 56298 \tag{5}$$

56298 を 8 位の不尽という．(5) の両辺を 2 乗して

$$10^{16} = * \times 194443 + 56298^2 \tag{6}$$

$$56298^2 = * \times 194443 + 43904 \tag{7}$$

ここで，$(*)$ は，それぞれ，適当な整数を表す（以下同様である）．(6)，(7) より

$$10^{16} = * \times 194443 + 43904 \tag{8}$$

すなわち，16 位の不尽は 43904 である．

$$\frac{43904}{194443} = 0.2257936 + \frac{150352}{194443} \cdot 10^{-7} \tag{9}$$

したがって

$$43904 \cdot 10^7 = 2257936 \cdot 194443 + 150352 \tag{10}$$

(8)，(10) より

$$10^{23} = * \times 194443 + 150352 \tag{11}$$

すなわち，23 位の不尽は 150352 であるので，$N = 23$ は (1) を満たさない．(11) の両辺を 2 乗して

$$10^{46} = * \times 194443 + 150352^2 \tag{12}$$

$$150352^2 = * \times 194443 + 169610 \tag{13}$$

したがって

$$10^{46} = * \times 194443 + 169610 \tag{14}$$

すなわち，46 位の不尽は 169610 であるので，$N = 46$ は (1) を満たさない．
(11)，(14) より

$$10^{69} = * \times 194443 + 169610 \cdot 150352 \tag{15}$$

$$169610 \cdot 150352 = * \times 194443 + 3270 \tag{16}$$

(15)，(16) より

$$10^{69} = * \times 194443 + 3270 \tag{17}$$

すなわち，69 位の不尽は 3270 であるので，$N = 69$ は (1) を満たさない．
　以下同様に，残りの約数に対する不尽を求める．
138 位については，$138 = 69 \cdot 2$ として，その不尽を求めると

$$10^{138} = * \times 194443 + 192978 \tag{18}$$

1409 位については，$1409 = 138 \cdot 2 \cdot 2 \cdot 2 + 138 \cdot 2 + 23 + 6$ として，その不尽を求めると

$$10^{1409} = * \times 194443 + 68813 \tag{19}$$

2818 位については，$2818 = 1409 \cdot 2$ として，その不尽を求めると

$$10^{2818} = * \times 194443 + 153033 \tag{20}$$

4227 位については，$4227 = 1409 \cdot 2 + 1409$ として，その不尽を求めると

$$10^{4227} = * \times 194443 + 15835 \tag{21}$$

8454 位については，$8454 = 4227 \cdot 2$ として，その不尽を求めると

$$10^{8454} = * \times 194443 + 110198 \tag{22}$$

32407 位については，$32407 = 1409 \cdot 3 \cdot 2 \cdot 2 + 1409 \cdot 3 \cdot 2 + 1409 \cdot 2 + 1409 \cdot 3$

として，その不尽を求めると

$$10^{32407} = * \times 194443 + 59211 \tag{23}$$

64814 位については，　64814 = 32407・2 として，その不尽を求めると

$$10^{64814} = * \times 194443 + 135231 \tag{24}$$

97221 位については，　97221 = 1409・23・2 + 1409・23 として，その不尽を求めると

$$10^{97221} = * \times 194443 + 1 \tag{25}$$

不尽が 1 であるので，(2) の循環節の位数は 97221 であることが分かる．これが答に述べられている．

第 2 問

図-1 のように，球 O を長方形（直方体）でくり貫くとき，球の中に作られる直方体を $ABCD-EFGH$ とする．ただし，各頂点は球上にあり，E, F, G, H は，それぞれ，D, C, B, A の反対側にある．

　　r : 球 O の直径，$a = AB$: 平，$b = BC$: 長

とおく．

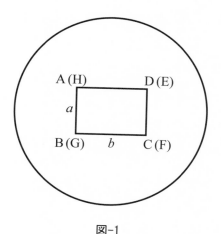

図-1

最初に，直方体でくり貫かれた（片側の）面積を求める．

(i) 図-2 のように，2 点 A, B を通る大円 α （大円 α は，球の中心と 2 点 A, B を通る平面で，球を切断してできる円である），2 点 C, D を通る大円 β，2 点 A, D 通る大円 γ，2 点 B, C を通る大円 δ で囲まれた球面長方形 ABCD の面積 S_0 を求める．

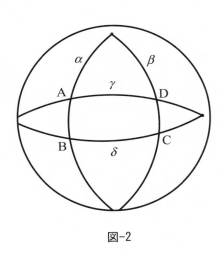

図-2

公式より*2

$$S_0 = r^2 \times (円径を 1, 弦を率とした弧背) \tag{26}$$

ここで，「率」は

$$t = \frac{ab}{\sqrt{r^2 - a^2}\sqrt{r^2 - b^2}} \tag{27}$$

である．円径（直径）を 1, 弦を t とした弧背（弧）の長さ s は，『算法求積法』では級数で表されているが

$$s = Sin^{-1} \frac{ab}{\sqrt{r^2 - a^2}\sqrt{r^2 - b^2}} \tag{28}$$

と表すことができる．したがって，(26)より

$$S_0 = r^2 Sin^{-1} \frac{ab}{\sqrt{r^2 - a^2}\sqrt{r^2 - b^2}} \tag{29}$$

球面長方形の面積を求める問題は，内田恭編『古今算鑑』に，文政 3

（1820）年，武州一之宮氷川明神社に奉納された算額の問題として紹介されている．

（ii）図-3 のように，α と β との交点を P_1, P_2 とする．α, β で囲まれた球面月形を考え，この球面月形から，直線 P_1P_2 に垂直で，球の中心 O から等距離 $a/2$ にある 2 平面 m, n で切り取られる中央部分 S_1 の面積を求める．

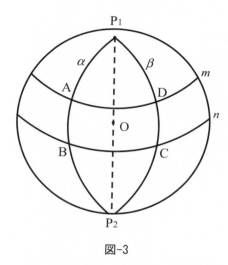

図-3

まず，球面から 2 平面 m, n で切り取られる中央部分 T_1 の面積を求める．公式より[*3]

$$T_1 = \pi\, ra \tag{30}$$

いわいしげとお　　　　さんぽうざっそ
岩井重遠著『算法雑俎』に，文政 9（1826）年，信州雨宝山に奉納された算額が記されており，これと同様の問題がある．

次に，T_1 から α, β で切り取って S_1 を求める．図-4 は，球をくり貫く直方体の底面 $BCFG$ を含む平面で，球を切断した図である．図-4 において

$$CG = \sqrt{r^2 - a^2}, \quad BC = b \tag{31}$$

円周率を π として[*4]，円径を 1 としたときの円周 π と弧 BC の比より

$$S_1 = T_1 \cdot \frac{1}{\pi} \cdot \mathrm{Sin}^{-1} \frac{b}{\sqrt{r^2 - a^2}} = ra\,\mathrm{Sin}^{-1} \frac{b}{\sqrt{r^2 - a^2}} \tag{32}$$

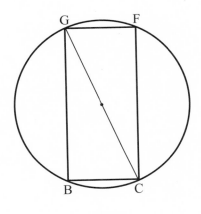

図-4

(iii) 図-5 のように，γ と δ との交点を Q_1, Q_2 とする．γ, δ で囲まれた球面月形を考え，この球面月形から，直線 Q_1Q_2 に垂直で，球の中心 O から等距離 $b/2$ にある 2 平面 p, q で切り取られる中央部分 S_2 の面積を求める．

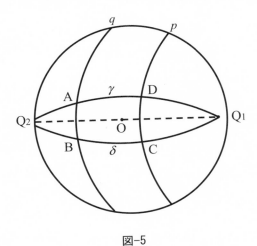

図-5

(ii) と同様にして

$$S_2 = rbSin^{-1}\frac{a}{\sqrt{r^2-b^2}} \tag{33}$$

(i), (ii), (iii)より, 求める面積は

$$S = S_1 + S_2 - S_0$$

ここで

$$x_1 = a Sin^{-1} \frac{b}{\sqrt{r^2 - a^2}}, \quad x_2 = b Sin^{-1} \frac{a}{\sqrt{r^2 - b^2}}$$

$$x_3 = r Sin^{-1} \frac{ab}{\sqrt{r^2 - a^2}\sqrt{r^2 - b^2}}$$

とおくと

$$S = (x_1 + x_2 - x_3)r \tag{34}$$

これが答術で述べられている.

次に, 直方体でくり貫かれた球の体積Vを求める.

(i) 球Oから, 直線$P_1 P_2$とαの作る平面, 線分$P_1 P_2$とβの作る平面, 直線$Q_1 Q_2$とγの作る平面, 直線$Q_1 Q_2$とδの作る平面により切り取られる体積W_0を求める. 球面長方形$ABCD$の面積S_0と球面の面積の比により

$$W_0 = \frac{\pi r^3}{6} \cdot \frac{1}{\pi r^2} \cdot r^2 Sin^{-1} \frac{ab}{\sqrt{r^2 - a^2}\sqrt{r^2 - b^2}}$$

$$= \frac{r^3}{6} Sin^{-1} \frac{ab}{\sqrt{r^2 - a^2}\sqrt{r^2 - b^2}} \tag{35}$$

ここで, $\pi r^3 / 6$は球の体積, πr^2は球の表面積である. 球の中に直方体 $ABCD - EFGH$の半分を作るために, W_0に上下左右 4 つの四角錐を加えて V_0とする.

$$V_0 = \frac{r^3}{6} Sin^{-1} \frac{ab}{\sqrt{r^2 - a^2}\sqrt{r^2 - b^2}} + \frac{ab}{3}\sqrt{r^2 - a^2 - b^2} \tag{36}$$

(ii) 球Oから 2 平面m, nで切り取られる体積W_1を求める. 公式より[5]

$$W_1 = \frac{1}{4}\pi(r^2 a - \frac{a^3}{3}) \tag{37}$$

そして, W_1が, 直線$P_1 P_2$とαの作る平面と直線$P_1 P_2$とβの作る平面で切り 取られる体積W_1'を求める. 直方体でくり貫かれた球の表面積(ii)と同様に

$$W_1' = \frac{1}{4}\pi\left(r^2 a - \frac{a^3}{3}\right) \cdot \frac{1}{\pi} \cdot Sin^{-1}\frac{b}{\sqrt{r^2-a^2}}$$

$$= \frac{1}{4}\left(r^2 a - \frac{a^3}{3}\right)Sin^{-1}\frac{b}{\sqrt{r^2-a^2}} \tag{38}$$

また，球の中に直方体 $ABCD-EFGH$ の半分を作るために，W_1' に左右 2 つの三角柱を加えて V_1 とすると

$$V_1 = \frac{1}{4}\left(r^2 a - \frac{a^3}{3}\right)Sin^{-1}\frac{b}{\sqrt{r^2-a^2}} + \frac{ab}{4}\sqrt{r^2-a^2-b^2}$$

$$= \frac{1}{4}\left(\frac{2r^2}{3} + \frac{r^2-a^2}{3}\right)a\,Sin^{-1}\frac{b}{\sqrt{r^2-a^2}} + \frac{ab}{4}\sqrt{r^2-a^2-b^2} \tag{39}$$

（iii）（ii）と同様にして，球 O から 2 平面 p, q で切り取られる体積 W_2 を求める．そして，W_2 が，直線 Q_1Q_2 と γ の作る平面と直線 Q_1Q_2 と δ の作る平面で切り取られる体積 W_2' を求める．また，球の中に直方体 $ABCD-EFGH$ の半分を作るために，W_2' に上下 2 つの三角柱を加えて V_2 とすると

$$V_2 = \frac{1}{4}\left(r^2 b - \frac{b^3}{3}\right)Sin^{-1}\frac{a}{\sqrt{r^2-b^2}} + \frac{ab}{4}\sqrt{r^2-a^2-b^2}$$

$$= \frac{1}{4}\left(\frac{2r^2}{3} + \frac{r^2-b^2}{3}\right)b\,Sin^{-1}\frac{a}{\sqrt{r^2-b^2}} + \frac{ab}{4}\sqrt{r^2-a^2-b^2} \tag{40}$$

（i），（ii），（iii）より，求める体積は

$$V = 2(V_1 + V_2 - V_0)$$

ここで

$$a_1 = r^2 - a^2, \quad a_2 = r^2 - b^2$$

とおくと

$$V = \frac{ab}{3}\sqrt{r^2-a^2-b^2} + \frac{r^2}{3}x_1 + \frac{1}{6}a_1 x_1 + \frac{r^2}{3}x_2 + \frac{1}{6}a_2 x_2 - \frac{r^2}{3}x_3$$

$$= \frac{ab}{3}\sqrt{r^2-a^2-b^2} + \frac{r^2}{3}(x_1 + x_2 - x_3) + \frac{1}{6}(a_1 x_1 + a_2 x_2) \tag{41}$$

これが答術で述べられている．

第2問について，現代的解法を考える.

最初に，直方体でくり貫かれた球の表面積を求める. 深川英俊，ダン・ソコロフスキー著『日本の数学—何題解けますか？（上）』に問題6.3.3として，この問題の現代的解法の概略が示されている. これを詳しく解説する.

ここでは，球の直径を $2r$ ，四角柱において $AB = 2a, BC = 2b, CA = 2c$ とする.

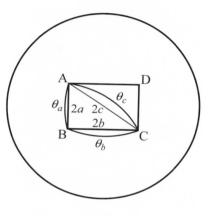

図-6

（ⅰ）面積 S_0 を求める. まず，球面三角形 ABC の面積 S' を求める. 図-6のように，球面三角形 ABC の3辺を $\theta_a, \theta_b, \theta_c$ とする. $\theta_a, \theta_b, \theta_c$ は，それぞれ（大円の一部である）弧 AB ，弧 BC ，弧 CA の中心角を表す. 余弦定理より

$$4a^2 = 2r^2 - 2r^2 \cos \theta_a \tag{42}$$

$$\cos \theta_a = \frac{r^2 - 2a^2}{r^2}, \quad \cos^2 \frac{\theta_a}{2} = \frac{r^2 - a^2}{r^2} \tag{43}$$

同様に

$$\cos \theta_b = \frac{r^2 - 2b^2}{r^2}, \quad \cos^2 \frac{\theta_b}{2} = \frac{r^2 - b^2}{r^2} \tag{44}$$

$$\cos \theta_c = \frac{r^2 - 2c^2}{r^2}, \quad \cos^2 \frac{\theta_c}{2} = \frac{r^2 - c^2}{r^2} \tag{45}$$

次の定理を用いる[6].

$$S' = (A + B + C - \pi)r^2 \tag{46}$$

ここで，A, B, C は，球面三角形 ABC の稜角を表す．すなわち，A は，平面 AOB と平面 AOC のなす角を表す．他も同様である．$E = A + B + C - \pi$ は，球面過剰といわれる．Euler の定理より[7]

$$\cos\frac{E}{2} = \frac{1 + \cos\theta_a + \cos\theta_b + \cos\theta_c}{4\cos\dfrac{\theta_a}{2}\cos\dfrac{\theta_b}{2}\cos\dfrac{\theta_c}{2}} \tag{47}$$

$c^2 = a^2 + b^2$ なので，(43)，(44)，(45)，(47) より

$$\cos\frac{E}{2} = \frac{r\sqrt{r^2 - a^2 - b^2}}{\sqrt{r^2 - a^2}\sqrt{r^2 - b^2}} \tag{48}$$

したがって

$$\sin\frac{E}{2} = \frac{ab}{\sqrt{r^2 - a^2}\sqrt{r^2 - b^2}} \tag{49}$$

(46) より

$$S' = 2r^2 Sin^{-1}\frac{ab}{\sqrt{r^2 - a^2}\sqrt{r^2 - b^2}} \tag{50}$$

したがって

$$S_0 = 4r^2 Sin^{-1}\frac{ab}{\sqrt{r^2 - a^2}\sqrt{r^2 - b^2}} \tag{51}$$

(ii) 面積 S_1 を求める．球 O を

$$x = r\sin\theta\cos\varphi,\ y = r\sin\theta\sin\varphi,\ z = r\cos\theta\ (0 \leqq \theta \leqq \pi, 0 \leqq \varphi \leqq 2\pi) \tag{52}$$

で表す．まず，球面が 2 平面 m, n で切り取られる面積 T_1 を求める[8].

$$T_1 = \iint_\Omega r^2\sin\theta\,d\theta\,d\varphi,\quad \Omega : \theta(A) \leqq \theta \leqq \theta(B),\ 0 \leqq \varphi \leqq 2\pi \tag{53}$$

ただし，$\theta(A),\ \theta(B)$ は，それぞれ，A, B の θ を表し

$$\cos\theta(A) = a/r,\ \cos\theta(B) = -a/r \tag{54}$$

である．このとき

$$T_1 = r^2 \int_0^{2\pi} \left\{ \int_{\theta(A)}^{\theta(B)} \sin\theta\, d\theta \right\} d\varphi = 2\pi r^2 \{\cos\theta(A) - \cos\theta(B)\} = 4\pi ra \tag{55}$$

また，$\varphi(B)$, $\varphi(C)$ は，それぞれ，B, C の φ を表すとする．このとき，(31)
より

$$\varphi(B) - \varphi(C) = 2Sin^{-1}\frac{b}{\sqrt{r^2 - a^2}} \tag{56}$$

(32)と同様に

$$S_1 = 4\pi ra \cdot \frac{1}{2\pi} \cdot 2Sin^{-1}\frac{b}{\sqrt{r^2 - a^2}} = 4raSin^{-1}\frac{b}{\sqrt{r^2 - a^2}} \tag{57}$$

(iii) 面積 S_2 求める．(ii)と同様に

$$S_2 = 4rbSin^{-1}\frac{a}{\sqrt{r^2 - b^2}} \tag{58}$$

(i)，(ii)，(iii)より，求める表面積は $S = S_1 + S_2 - S_0$．ここで $2r$, $2a$, $2b$
を改めて r, a, b とすると，(34)が得られる．

　次に，直方体でくり貫かれた球の体積 V を求める．

(i) 体積 V_0 は，(36)と同様に

$$V_0 = \frac{4r^3}{3}Sin^{-1}\frac{ab}{\sqrt{r^2 - a^2}\sqrt{r^2 - b^2}} + \frac{8ab}{3}\sqrt{r^2 - a^2 - b^2} \tag{59}$$

(ii) 体積 W_1 を求める．直交座標を用いて，回転体の体積として

$$W_1 = \pi \int_{-a}^{a} (r^2 - y^2)dy = 2\pi(r^2a - \frac{a^3}{3}) \tag{60}$$

W_1 が，直線 P_1P_2 と α の作る平面，直線 P_1P_2 と β の作る平面で切り取られる
体積 $W_1{}'$ を求める．(38)と同様に

$$W_1{}' = 2\pi(r^2a - \frac{a^3}{3}) \cdot \frac{1}{2\pi} \cdot 2Sin^{-1}\frac{b}{\sqrt{r^2 - a^2}}$$

$$= 2(r^2a - \frac{a^3}{3})Sin^{-1}\frac{b}{\sqrt{r^2 - a^2}} \tag{61}$$

また，(39)と同様に

$$V_1 = 2(r^2a - \frac{a^3}{3})Sin^{-1}\frac{b}{\sqrt{r^2 - a^2}} + 2ab\sqrt{r^2 - a^2 - b^2} \tag{62}$$

(iii) (ii)と同様に

$$V_2 = 2(r^2 b - \frac{b^3}{3})Sin^{-1}\frac{a}{\sqrt{r^2-b^2}} + 2ab\sqrt{r^2-a^2-b^2} \qquad (63)$$

(59), (62), (63) より, 求める体積は, $V = 2(V_1+V_2-V_0)$ である. ここで
$2r, 2a, 2b$ を改めて r, a, b として整理すると, (41) が得られる.

注
*1 福田理軒著『順天堂算譜』の答術に誤植があると思われる. 答術の最初の「長巾, 平巾を減じ」の箇所の長, 平を入れ替えた.

*2 内田久命著『算法求積通考』の円類求積雑問の中の第62問である. 図解による区分求積法により求めている. 第3部 和算入門（5. 求積法）参照. 詳細は省くが, まず, S_0 の近似値 $S_0{}'$ を求める.

$$S_0{}' = \sum_{k=1}^{n}\frac{r^2 t}{n\sqrt{1-t^2(\frac{k}{n})^2}}$$

ここで

$$t = \frac{ab}{\sqrt{r^2-a^2}\sqrt{r^2-b^2}}$$

を「率」という.

『算法求積通考』の立表第六径除奇除表により

$$\frac{1}{\sqrt{1-x}} = 1 + \frac{1}{2}x + \frac{1\cdot3}{2^2\cdot2!}x^2 + \frac{1\cdot3\cdot5}{2^3\cdot3!}x^3 + \cdots$$

これを用いて, $S_0{}'$ の各項を展開すると

$$S_0{}' = \sum_{k=1}^{n} r^2\left\{\frac{t}{n} + \frac{1}{2}(\frac{k}{n})^2\frac{t^3}{n} + \frac{1\cdot3}{2^2\cdot2!}(\frac{k}{n})^4\frac{t^5}{n} + \cdots\right\}$$

『算法求積通考』の立表第一天表により畳んで($n \to \infty$ として)

$$S = r^2\left\{t + \frac{1}{2}\cdot\frac{1}{3}t^3 + \frac{1\cdot3}{2^2\cdot2!}\cdot\frac{1}{5}t^5 + \cdots\right\}$$

『算法求積通考』の立表第九弧背（径弦）により, 括弧内は, 円径を 1,

弦を t としたときの弧背（弧）であり，$Sin^{-1}t$ に等しい．したがって，(26)が得られる．

*3 図-7 は，球径 r，矢 s の球缺（球から平面で切り取ったもの）である．

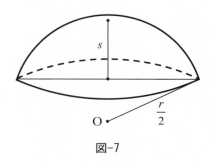

図-7

『算法求積通考』の円類求積雑問の中の第7問において，この冪積（面積）$S = \pi rs$ が，図解による区分求積法により求められてる．このことから，(30)が得られる．

*4 円周率は，円周率の他に，円径率，円率などとも呼ばれていた．また，$\pi/4$ を表す円積率も使われた．

*5 『算法求積通考』の円類求積雑問の中の第6問において，球径 r，矢 s の球缺の体積 $V = \pi s^2(r/2 - s/3)$ が，図解による区分求積法により求められている．$s = r/2$ の球缺の体積から $s = (r-a)/2$ の球缺の体積を引き，それを2倍して，(37)が得られる．

*6 岩田志康編『幾何学大辞典 第2巻』の定理462に，Harriot の定理として述べられている．

*7 『幾何学大辞典 第2巻』の定理468に，Euler の定理として述べられている．

*8 微分積分学ではよく知られた結果である．

第3部 和算入門

　現代数学の用語でいうと，代数，方程式，幾何，極値問題，求積法の 5 つのテーマについて，和算の基礎を簡潔に解説する．和算の豊富な内容の中から，本書を理解する上で参考になるものを取り上げた．

1．代数

　算聖といわれる関孝和は，算木で数を表すように数を表記し，その脇に文字を書いて未知数や式を表す傍書法および筆算による計算方法である演段術を考案して，和算の発展の基礎を作った．これは後に点竄術と呼ばれる．それ以前は，中国より伝えられた『算学啓蒙』の天元術で算木を用いて計算することや一元の方程式を解くだけであった．

　点竄術について，天保 3（1832）年の山本賀前著『大全塵劫記』の点竄術実問（十五）を例として解説する．これは，互いに接する 2 つの円の直径が与えられたとき，共通外接線の長さを求める問題である．問題と解法の現代表記を先に示し，後に原文を示す．式の番号が対応しているので，比較すると点竄術の意味が分かる．

点竄術実問（十五）

図-1 のように，直線上に，（互いに接する）大小 2 つの円 O_1, O_2 がある．大円 O_2 の直径は 9 寸，小円 O_1 の直径は 4 寸とする．円 O_1, O_2 と直線との接点を，それぞれ，A, B とし，2 点の距離 AB を子とする．このとき，子を求めよ．

　答．6 寸

　解．図-1 のように，O_1 から直線 O_2B に引いた垂線を O_1C とし

$$AB = x \qquad\qquad ①$$

とおく．円 O_1 の直径を a，円 O_2 の直径を b とすると

$$\frac{b}{2} - \frac{a}{2} = O_2C \qquad\qquad ②$$

これを 2 乗して

$$\frac{b^2}{4} - 2 \cdot \frac{ba}{4} + \frac{a^2}{4} = O_2C^2 \qquad\qquad ③$$

また

$$O_2C^2 + x^2 = O_1O_2{}^2 \qquad\qquad ④$$

したがって

$$\frac{b^2}{4} - 2 \cdot \frac{ba}{4} + \frac{a^2}{4} + x^2 = O_1O_2{}^2 \qquad\qquad ⑤$$

一方

$$\frac{b}{2} + \frac{a}{2} = O_1O_2 \qquad\qquad ⑥$$

これを 2 乗して

$$\frac{b^2}{4} + 2 \cdot \frac{ba}{4} + \frac{a^2}{4} = O_1O_2{}^2 \qquad\qquad ⑦$$

⑤と⑦で消し合う.

$$\frac{b^2}{4} - 2 \cdot \frac{ba}{4} + \frac{a^2}{4} + x^2 - \frac{b^2}{4} - 2 \cdot \frac{ba}{4} - \frac{a^2}{4} = 0 \qquad\qquad ⑧$$

整理して

$$-ba + x^2 = 0 \qquad\qquad ⑨$$

x を得る方程式を求める.

$$-ba + 0 \cdot x + 1 \cdot x^2 = 0 \qquad\qquad ⑩$$

ba を平方に開いて

$$x = \sqrt{b}\sqrt{a} \qquad\qquad ⑪$$

$a = 4$, $b = 9$ を代入して $x = 6$.

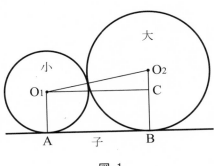

図-1

今、図の如く、大小の二円を載るあり。大径九寸。小径四寸。子（乃ち二円、各〻線上に線上へ切せる相距を子と名く）何程と問。

答曰、子六寸。

一、算を命じて $\dfrac{子}{1}$ とす。①

二、$\dfrac{大}{三\,三} \quad \dfrac{小}{二\,二}$　勾なり。②　是を懸合。

三、$\dfrac{大巾}{四} \quad \dfrac{小大}{四\,四} \quad \dfrac{小巾}{四}$　勾巾なり。③　勾巾と子巾と合。④

四、$\dfrac{大巾}{四} \quad \dfrac{小大}{四\,四} \quad \dfrac{小巾}{四} \quad \dfrac{子巾}{四}$　玄巾なり。⑤　左に寄す。

五、$\dfrac{大}{三\,三} \quad \dfrac{小}{二\,二}$　玄なり。⑥　是を懸合。

六、$\dfrac{大巾}{四} \quad \dfrac{小大}{四\,四} \quad \dfrac{小巾}{四}$　玄巾なり。⑦　相消。

七、$\dfrac{大巾}{四}(イ) \quad \dfrac{小大}{四\,四}(ロ) \quad \dfrac{小巾}{四}(ハ) \quad \dfrac{子巾}{四}(ニ) \quad \dfrac{大巾}{四}(ホ) \quad \dfrac{小大}{四\,四}(ヘ) \quad \dfrac{小巾}{四}(ト)$　空数。⑧

異減同加し、但し(イ)の二位は正と負ゆへ尽く。(ト)相加ふ。異減同加とは是也。(ニ)二位も正と負ゆへ尽く。

八、$\dfrac{小大}{イ} \quad \dfrac{子巾}{ロ}$　精、空数。⑨

九、$\dfrac{小大}{イ} \times \bigcirc$　⑩　右の式に依て $\dfrac{小大}{商商}$　実とし、

十、$\dfrac{子}{1}$　子を得る式を求む。

十一、平方に開き $\dfrac{小大商商}{子}$　なり。⑪

術曰、答術左の如し。故に問に合す。大径九寸を置き、小径四寸を懸け、平方にひらき、子を得て問に合す。

（注）句読点、括弧、振り仮名（現代仮名遣）を補つた。空数は零である。精空数は空数であり、共通因数も分母もない整理された式であることを表す。

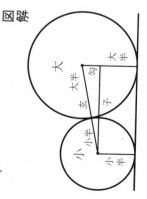
図解
大　大半　勾　玄　大半　子
小　小半　小半

2．方程式

　中国で13世紀に始まった天元術では，組立除法を用いて方程式を解く．これを算木で行った．『算学啓蒙』を通して天元術が伝わり，和算でもこの方法で方程式を解いた．関孝和の確立した方程式の数値解法は，19世紀ヨーロッパのホーナーの方法と同等であり，また，近似解を求める方法は，ニュートンの近似法と同等である．加藤平左エ門著『和算の研究 方程式』において，関孝和著『開方算式』について解説したものを述べる．

　簡単のために，3次方程式で方程式の解法を説明する．

$$f(x) = ax^3 + bx^2 + cx + d = 0 \tag{1}$$

係数 d, c, b, a を，それぞれ，方程式(1)の実級（じっきゅう），方級（ほうきゅう），廉級（れんきゅう），隅級（ぐうきゅう）という．まず，$f(x)$ に対して商 α を立てて開く．すなわち，$f(x)$ を $x-\alpha$ で割る．α は何でもよい．これを組立除法で行い，余りを除いた結果に対して，同じ商 α で組立除法を繰り返す．この過程は，以下のように表される．

$$
\begin{array}{llll|}
a \quad b & c & d & \quad\underline{\alpha} \\
\quad a\alpha & a\alpha^2+b\alpha & a\alpha^3+b\alpha^2+c\alpha \\
\hline
a \quad a\alpha+b & a\alpha^2+b\alpha+c & a\alpha^3+b\alpha^2+c\alpha+d \\
\quad a\alpha & 2a\alpha^2+b\alpha \\
\hline
a \quad 2a\alpha+b & 3a\alpha^2+2b\alpha+c \\
\quad a\alpha \\
\hline
a \quad 3a\alpha+b
\end{array}
$$

この結果，(1)は次のように変換される．後の例1を参照．

$$f(x) = a(x-\alpha)^3 + (3a\alpha+b)(x-\alpha)^2$$
$$+ (3a\alpha^2+2b\alpha+c)(x-\alpha) + (a\alpha^3+b\alpha^2+c\alpha+d) = 0 \tag{2}$$

これは，(1)を $x=\alpha$ でテーラー展開した式である．$y=x-\alpha$ とおくと

$$g(y) = ay^3 + (3a\alpha+b)y^2$$
$$+ (3a\alpha^2+2b\alpha+c)y + (a\alpha^3+b\alpha^2+c\alpha+d) = 0 \tag{3}$$

この変換方程式(3)の実級が尽きれば，(3)の 1 つの解として，$y=0$ が得ら

れ，したがって，（1）の解として $x=\alpha$ を得る．（3）の実級が尽きないときは，新しい変換方程式の実級が 0 に近づくように，新たに商 β を立てて開く．この結果，（3）を $y=\beta$ でテーラー展開した式が得られ，したがって，（1）を $x=\alpha+\beta$ でテーラー展開した式が得られる．これを繰り返して，変換方程式の実級が尽きれば（1）の解が得られる．

例1. $x^2+2x-35=0$ を解く．

```
    1        2       -35         |6
             6        48
    ─────────────────────
    1        8    |   13
             6    |
    ─────────────────────
    1       14        13         |-1
            -1       -13
    ─────────────────────
    1       13    |    0
            -1    |
    ─────────────────────
    1       12
```

以上は，次の計算過程を表している．
$$x^2+2x-35=0$$
$x-6$ で割って
$$(x-6)(x+8)+13=0$$
更に $x+8$ を $x-6$ で割って
$$(x-6)\{(x-6)+14\}+13=0$$
$$(x-6)^2+14(x-6)+13=0$$
$y=x-6$ とおくと
$$y^2+14y+13=0$$
$y+1$ で割って
$$(y+1)(y+13)=0$$
割り切れるので $y=-1$．したがって
$$x=6+y=5$$
更に $y+13$ を $y+1$ で割って，$z=y+1$ とおくと
$$z^2+12z=0$$
これより $z=-12$．したがって，$x=6-1-12=-7$．

例1で, $x=5$ を得るまでの計算過程を算盤(さんばん)上で算木(さんぎ)を用いて行うと次のようになる. 算盤は日本で考案されたと考えられており, 型が何種類かある. 算盤の縦は, 商と方程式の実級, 方級, 廉級, 隅級, 算盤の横は, 商と各級の数の位を表す. 算木は小さい角材で, 正数は赤, 負数は黒とするが, 下図では, 赤の算木は中抜きで表している.

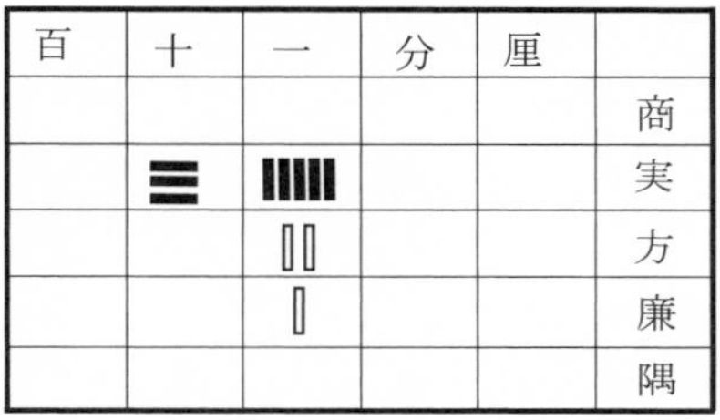

百	十	一	分	厘	
					商
	三	‖‖‖‖‖			実
		‖			方
		｜			廉
					隅

算盤図 1

方程式 $x^2+2x-35=0$ をおく

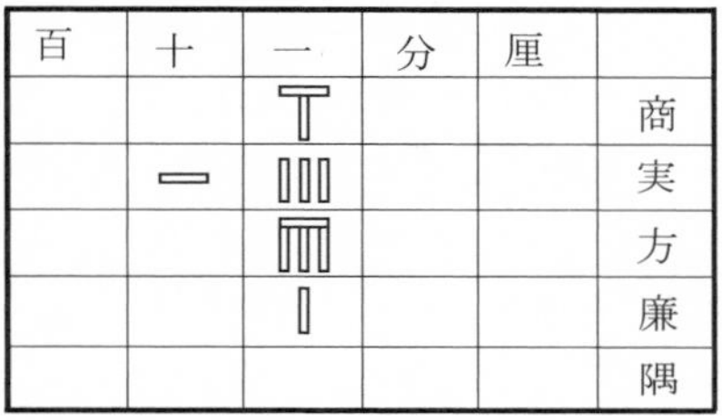

百	十	一	分	厘	
		丅			商
	一	‖‖‖			実
		丅‖‖‖			方
		｜			廉
					隅

算盤図 2

商 6 を立て, $x-6$ で割る

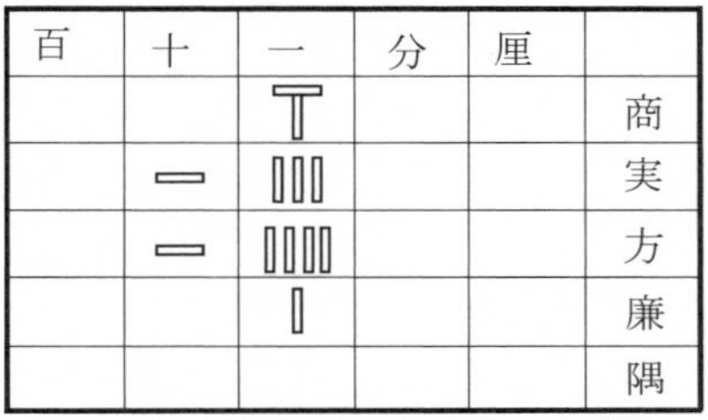

百	十	一	分	厘	
		丅			商
	一	‖‖‖			実
	一	‖‖‖‖			方
		｜			廉
					隅

算盤図 3

$x+8$ を $x-6$ で割る. $y=x-6$ とおいて $y^2+14y+13=0$

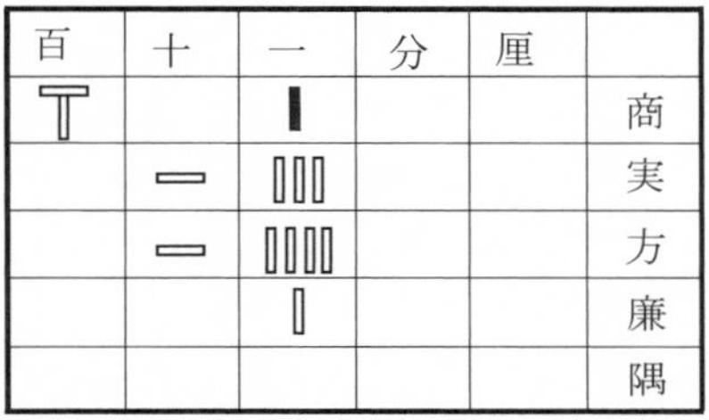

百	十	一	分	厘	
丅		｜			商
	一	‖‖‖			実
	一	‖‖‖‖			方
		｜			廉
					隅

算盤図 4

商 6 を左に寄せ, 商 −1 を立てる

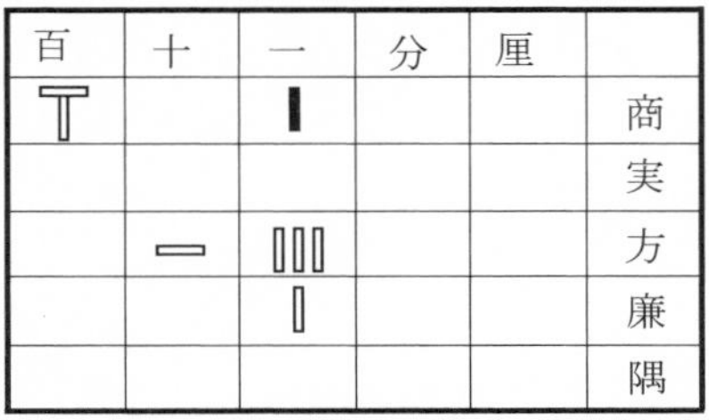

百	十	一	分	厘	
丅		｜			商
					実
	一	‖‖‖			方
		｜			廉
					隅

算盤図 5

$y+1$ で割り切れるので $y=-1$.
したがって, $x=6+y=5$
(算盤の商 6 と −1 を足せば良い)

　例1では変換方程式の実級が尽きたが，次にそうならない場合を考える．このとき，新たな商 β は，実級を方級で割って符号を変えたものを立てる．変換方程式が(3)のときは

$$\beta = -\frac{a\alpha^3 + b\alpha^2 + c\alpha + d}{3a\alpha^2 + 2b\alpha + c} = -\frac{f(\alpha)}{f'(\alpha)} \tag{4}$$

ここで，f' は f の導関数を表す．このとき，変換方程式は，(1)を $x = \alpha + \beta = \alpha - f(\alpha)/f'(\alpha)$ でテーラー展開した式になる．これを繰り返して，(1)の近似解を得る．この方法は，ニュートンの近似法と同等である．

例2. $x^2 + 8x + 11 = 0$ を解く．

```
1      8        11        |-1
      -1       -7
1      7     |  4
      -1     |
1      6        4         |-0.7
      -0.7     -3.71
1      5.3    | 0.29
      -0.7    |
1      4.6      0.29      |-0.063
      -0.063    0.285831
1      4.537  | 0.004169
      -0.063  |
1      4.474
```

以上は，方程式の一方の解を求める計算過程を表している．

$$x^2 + 8x + 11 = 0$$

$x + 1$ で割って

$$(x+1)(x+7) + 4 = 0$$

更に $x + 7$ を $x + 1$ で割って

$$(x+1)\{(x+1) + 6\} + 4 = 0$$
$$(x+1)^2 + 6(x+1) + 4 = 0$$

$y = x + 1$ とおくと

$$y^2 + 6y + 4 = 0$$

$y + 0.7$ で割って
$$(y+0.7)(y+5.3)+0.29=0$$
更に $y+5.3$ を $y+0.7$ で割って
$$(y+0.7)\{(y+0.7)+4.6\}+0.29=0$$
$$(y+0.7)^2+4.6(y+0.7)+0.29=0$$
$z = y + 0.7$ とおくと

$$z^2+4.6z+0.29=0 \tag{5}$$

$z+0.063$ で割って，$w = z + 0.063$ とおくと，同様に
$$w^2+4.537w+0.004169=0$$
ここで止めると，次の近似解が得られる．
$$x \approx -1-0.7-0.063 = -1.763$$

　最初に -1，次に -0.7 を商に立てて計算を行うが，実級は 0 にならない．そこで，(5) の実級 0.29 を方級 4.6 で割って符号を変え $-0.29/4.6 = -0.063043478$ を計算する．それまでの商 -1.7 が 2 桁であるので，2 桁に取り -0.063 とし，これを新たに立てる商とする．

　新たな商の立て方について，加藤平左ヱ門著「和算に用ひられた Newton の近似法は如何にして導出されたか」では，次のように解説している．

　-1.7 を商とすると，変換方程式の解は相当小さく，大体 $-0.29/4.6$ に近い．

　よって，これを変換方程式の解（新しく立てる商）とする．

次のように考えることができる．-1.7 を商とすると，(5) の実級は 0.29 と小さくなる．したがって，近似的に $z^2+4.6z=0$ であり，(5) の解 z は 0 に近く小さいと考えられる．z^2 はより小さく，(5) の解は $4.6z+0.29=0$ の解で近似できる[*1]．実際に，この解は $z=-0.063$ で，(5) の解は，$z=-0.064$ である．

注
　*1　一般の 2 次方程式 $ax^2+bx+c=0$ の 1 つの解
$$x = \frac{-b+b\sqrt{1-4ac/b^2}}{2a}$$
を考える．c が小さければ，x も小さくなる．x^2 はより小さく，x は $bx+c=0$ の解で近似できる．一方，h が十分小さければ，$\sqrt{1-h} \approx 1-h/2$．したがって，$x \approx -c/b$ と考えることもできる．

3．幾何

和算では，容術という特色のある図形の問題が探求された．円や多角形に多くの円などが内接する問題である．和算における幾何は，図形の問題と解法の集積であり多くの公式がある．算額は，多くは図形の問題であり，ソディーの六球連鎖の定理のように，和算家が 100 年も前に先駆けて算額で解いていたものもある．図形の問題は，和算の特筆すべきものである．ここでは基本的な公式を示す．深川英俊著『日本の幾何—何題解けますか？』参照.

江戸時代の末期には，長谷川寛の考案した「極形術」があった．これは，図形の問題を簡単な形に変形して解く方法であるが，その根拠は不明である．また，法道寺善著『観新考算変』では，「算変法」という現代数学の「反転法」と同等な解法も研究された．佐藤健一監修『和算の事典』，田部井勝稲，松本登志雄著『反転法と算変法』参照.

3．1　鉤股弦

直角三角形の縦を鉤（鈎），底辺を股，斜辺を弦と呼び，直角三角形を鉤股弦または鉤股という．鉤（鈎），股，弦は，それぞれ，句（勾），殳，玄と省筆して表すこともある．

和算では，三平方の定理は公式としてよく使われた．関孝和著『規矩要明法』では，これを下のように図解して証明している.

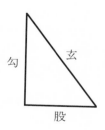

鉤股弦において

$$\text{玄}^2 = \text{勾}^2 + \text{股}^2$$

$$(1)$$

が成り立つ.

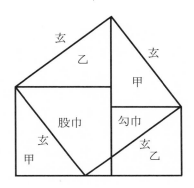

これを描き直すと，次の図のようになる．

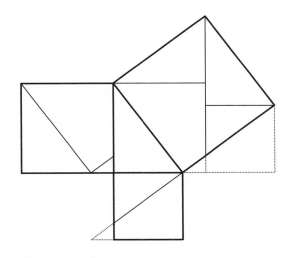

　ゴロウニン著『日本俘虜実記』に，次のような三平方の定理についてのエピソードがある．

　文化 8（1811）年，国後島に上陸したロシアのゴロウニン艦長が捕えられたが，その直後にロシアに捕えられた高田屋嘉兵衛らの働きで，ともに釈放された．このときの記録である．

　日本の学者（幕府天文方足立佐内）と通詞が松前の牢のゴロウニンに会いに来たとき，ゴロウニンは，足立に「直角三角形の2辺の平方の和は，斜辺上の平方に等しいことを知っているか」と訊ねている．　これに対して，足立

は，紙の上に両脚器（コンパス）で図形を描いてから 3 つの正方形を切り抜き，そのうち，2 辺上の 2 つの正方形を折って細かく切り，それを斜辺上の大きな正方形の上にぴったりと埋めてしまったということである．

３．２　図形の公式

いくつかの基本的な公式(a)～(e)を述べる．(e)を除き，算額の解説ですでに述べたが，すべて山本賀前著『算法助術』にある．

(a) 図-1 のように，直線上に，互いに接する 2 つの円 O_1，O_2 がある．円 O_1 の直径を a，円 O_2 の直径を b とする．このとき，2 つの円の共通外接線の長さは

$$AB = \sqrt{ab} \tag{2}$$

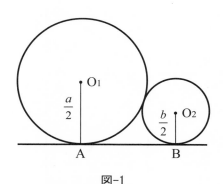

図-1

この公式もよく使われた（1. 代数　参照）．

(b) 図-2 のように，ΔABC が直径 r の円 O に内接している．三角形の 3 辺を a, b, c とし，A から辺 BC に引いた垂線 AH の長さを h とする．このとき

$$h = \frac{bc}{r} \tag{3}$$

ここで，$\sin B = h/c$ なので，(3)は

$$\frac{b}{\sin B} = r \tag{4}$$

と表される．すなわち，(3)は正弦定理と同等である．長岡蒼柴神社の算額（2）[no.6]注 2 参照．

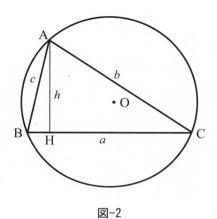

図-2

(c) 図-3 のように，三角形の 3 辺を a, b, c とし，A から辺 BC に引いた垂線を AH とする．このとき

$$BH = \frac{c^2 + a^2 - b^2}{2a} \tag{5}$$

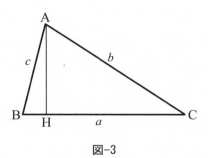

図-3

ここで，$BH = c \cos B$ なので，(5)は

$$b^2 = c^2 + a^2 - 2ca \cos B \tag{6}$$

と表される．すなわち，(5)は余弦定理と同等である．小千谷二荒神社の算額 [no. 14]注 4 参照．

(d) 図-4 のように，$\triangle ABC$ に直径 r の円 O が内接し，接点を D, E, F とする．三角形の 3 辺を a, b, c とし，$AD = l$，$BE = m$，$CF = n$ とする．このとき

$$-(l + m + n)r^2 + 4lmn = 0 \tag{7}$$

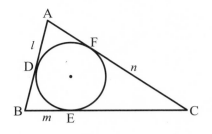

図-4

ΔABC の面積を S とすると

$$S = \frac{(a+b+c)r}{4} = \frac{(l+m+n)r}{2} \tag{8}$$

したがって，(7)は

$$S^2 = (l+m+n)lmn \tag{9}$$

と表される．ここで

$$l = \frac{-a+b+c}{2},\ m = \frac{a-b+c}{2},\ n = \frac{a+b-c}{2},\ l+m+n = \frac{a+b+c}{2}$$

すなわち，(7)はヘロンの公式と同等である．三条本成寺の算額[no.8]注 2 参照．

  (e)

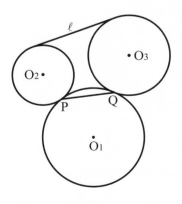

図-5

図-5 のように，円 O_1 に，円 O_2, O_3 が，それぞれ，P, Q で接している．円 O_2, O_3 の共通外接線の長さを ℓ，円 O_1, O_2, O_3 の直径を，それぞれ，r, a, b とする．このとき

$$PQ^2 = \frac{\ell^2 r^2}{(r+a)(r+b)} \qquad (10)$$

この公式は三円傍斜術と呼ばれる．佐藤健一監修『和算の事典』参照．

4．極値問題

現代数学では，極値問題（最大最小問題）は，一般に，関数を微分することにより解かれる．和算では，極値問題は方程式として記述され，その方程式が2重解を持つための条件を用いて解かれる．この方法を適尽方級法という．この考え方を解説する．当時および現代の文献において，この解法を的確に解説したものはなく，加藤平左エ門著『和算ノ研究 方程式論』で示唆された考え方を発展させたものである．涌田和芳，外川一仁著「和算における極値問題の解法について」「適尽方級法の現代数学への応用」参照．

4．1 極値を取るための必要条件

(a)基本型

極値を求める変数を y，条件を表す変数を x とし，x と y の関係式が次のような n 次方程式で表されるとする．簡単のため，3次とする．

$$ax^3 + bx^2 + cx + (d-y) = 0 \qquad (1)$$

ここで，a, b, c, d は定数である．k を定数とし，$y = k$ とすると

$$ax^3 + bx^2 + cx + (d-k) = 0 \qquad (2)$$

ここで，$g(x) = ax^3 + bx^2 + cx + (d-k)$ とおく．今，$z = g(x)$ のグラフが図-1 のように表され，x の取り得る範囲は $x > 0$ とする．$z = g(x)$ のグラフが x 軸の正の部分と共有点を持つとき，(2)は正の実数解を持ち，$y = k$ は実現可能な値である．また，$z = g(x)$ のグラフと z 軸との交点の z 座標は $d-k$ であるので，実現可能な k の最小値 m は，$z = g(x)$ のグラフが x 軸に接するとき，すなわち，(2)が2重解 $x = \alpha$ を持つときに得られる．

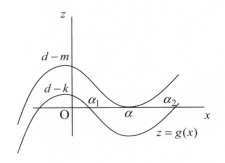

図-1

　和算では，方程式が（実数）解を持つための各係数の限界が研究された．(2)の定数項を変化させると，(2)の解 α_1, α_2 が一致するところがあり，更に変化させると解がなくなる．このことから，(2)の定数項の限界は，(2)が2重解を持つときに起こると考えられ，そのための条件が適尽方級法により与えられた．今，(1)の定数項には，極値を求める変数が含まれるので，定数項の限界を考えることで y の極値が得られる．これが適尽方級法により極値問題を解く考え方である．

　(1)より

$$y = ax^3 + bx^2 + cx + d \tag{3}$$

ここで，$f(x) = ax^3 + bx^2 + cx + d$ とおくと，以上のことは $y = f(x)$ の極値を求めることと同等であり，図-2より，次のように考えることもできる．

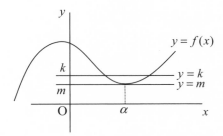

図-2

$y = f(x)$ のグラフと直線 $y = k$ が共有点を持つとき，(2)は実数解を持ち，$y = k$ は実現可能な値である．今，$y = f(x)$ が $x = \alpha$ で極値 m を取るとする．このとき，$k = m$ とおいて，(2)は2重解 $x = \alpha$ を持つ．

次に，$k = m$ とおいて，(2)が2重解 $x = \alpha$ を持つための条件を和算の方法により求める．まず，$g(x)$ を $x - \alpha$ で割る．これを組立除法で行い，余りを除いた結果に対して，同じ商 α で組立除法を繰り返す．この結果，(2)は，次のように変換される（2. 方程式 参照）．

$$g(x) = a(x-\alpha)^3 + (3a\alpha + b)(x-\alpha)^2$$
$$+ (3a\alpha^2 + 2b\alpha + c)(x-\alpha) + (a\alpha^3 + b\alpha^2 + c\alpha + d - m) = 0 \tag{4}$$

したがって，(2)が2重解 $x = \alpha$ を持つならば

$$a\alpha^3 + b\alpha^2 + c\alpha + (d - m) = 0 \tag{5}$$

$$3a\alpha^2 + 2b\alpha + c = 0 \tag{6}$$

が成り立つ．$y = f(x)$ が $x = \alpha$ で極値 m を取るとすると，$m = f(\alpha)$ なので，(5)はつねに成り立つ．すなわち，(6)が，(2)が2重解 $x = \alpha$ を持つための必要条件となる．

以上のことから，(1)に対して

$$h(x) = 3ax^2 + 2bx + c = 0 \tag{7}$$

を作り，これを解いて極値を取る x の候補を得る．適尽方級とは，(4)の1次の項の係数である方級

$$h(\alpha) = 3a\alpha^2 + 2b\alpha + c \tag{8}$$

が丁度 0 になることを意味する．

微分法を用いれば

$$f'(x) = h(x) = 0 \tag{9}$$

であるので，(6)は微分法における極値を取るための必要条件と同じである．一般に，(1)が n 次の場合も同様である．

(b) 一般型

簡単のため，x と y の関係が，(10)のように x の 3 次方程式で表されるとする．ただし，各係数 a, b, c, d は y の多項式または定数とする．

$$g(x, y) = ax^3 + bx^2 + cx + d = 0 \tag{10}$$

また，(10)は y について一意に解くことができるとする．これを $y = f(x)$ と表す．和算で扱う問題は，そのように考えてよい．この $f(x)$ は，一般に x の多項式ではないが，次のように(a)と同様に考えることができる．

$x = \alpha$ のとき $y = f(x)$ が極値 m を取るとする．$y = m$ とすると，図-2 のように，$f(x) - m = 0$ は 2 つの解が一致する．したがって，(10)において $y = m$ とすると，(10) は 2 重解 $x = \alpha$ を持つ．したがって，$y = m$ のとき，$x = \alpha$ は

$$h(x) = 3ax^2 + 2bx + c = 0 \tag{11}$$

を満たす．これが極値を取るための必要条件である．(10)と(11)より y を消去し，x の方程式を導く．これを

$$k(x) = 0 \tag{12}$$

と表す．和算では，(10)を「原式」，(11)を「極式」，(12)を「定式」と呼ぶことがある．(a)では，(1)が原式，(7)は極式であり定式でもある．(12)を解いて，極値を取る x の候補を得る．

以上が和算の方法であるが，現代数学の微分法によれば，(10)より

$$\frac{dg}{dx} = \frac{\partial g}{\partial x} + \frac{\partial g}{\partial y}\frac{dy}{dx} = 0 \tag{13}$$

が成り立つ．$x = \alpha$ で y が極値を取るならば，$(dy/dx)_{x=\alpha} = 0$ なので，(13)より，$(\partial g/\partial x)_{x=\alpha} = h(\alpha) = 0$ となる．すなわち，$x = \alpha$ が(11)を満たすことは，微分法における極値を取るための必要条件と同等である．

和算では極大極小の判定の一般的な方法はなく，題意より直ちに判定するか，x を変化させたときの y の変化を調べて判定している．また，(1)または(10)の係数の符号から極大極小を判定している例がある．

4．2　具体例

『久氏極数十五問之解』の第 1 問により，極値問題の具体的解法を見てみる．久氏とは，久留島義太のことである．

久氏極数十五問之解（一）

図-3のように，上下の面が正方形である直方体がある．正方形の1辺の長さと直方体の高さの和を1尺8寸とする．このとき，直方体の対角線の長さを最小にする正方形の1辺の長さを求めよ．

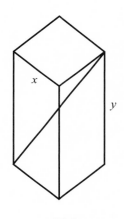

図-3

正方形の1辺の長さを x ，直方体の高さを y とし， $x+y=a$ とおく．直方体の対角線の長さを m（ $m>0$ ）とおくと

$$m^2 = 2x^2 + y^2 \tag{14}$$

したがって

$$3x^2 - 2ax + (a^2 - m^2) = 0 \tag{15}$$

適尽方級法により， m が最小値を取る x は

$$6x - 2a = 0 \tag{16}$$

を満たす．（16）より，求める正方形の1辺は

$$x = \frac{a}{3} \tag{17}$$

（17）を（15）に代入して，最小値は

$$m = \frac{\sqrt{6}a}{3} \tag{18}$$

しかし，$x = a/3$ は極値の候補であり，実際に最小値を取ることについては述べていないが，次のように考えることができる．

$$g(x) = 3x^2 - 2ax + (a^2 - m^2) \tag{19}$$

とおく．$m = \sqrt{6}a/3$ とすると

$$g(x) = 3(x - \frac{a}{3})^2 \geqq 0 \tag{20}$$

(19)の m^2 の符号が $(-)$ なので，$0 < m < \sqrt{6}a/3$ のとき，(20)より $g(x) > 0$ となり，(15)は実数解を持たない．したがって，$m = \sqrt{6}a/3$ が最小値である．

5．求積法

　和算家の求積問題に対する解法は，図解による区分求積法である．弘化元 (1844) 年に刊行された内田久命著『算法求積通考』は，求積問題の概論である．区分求積法の考え方が解説され，関数および積分公式の級数展開が表になっている．ここでは，円類求積雑問の第3問を取り上げて，当時の求積法について解説する．

円類求積雑問（三）

図-4 のように，円 O の直径 r と弦 AB の長さ a が与えられたとき，円と弦で囲まれた上の弧の面積 S を求めよ．

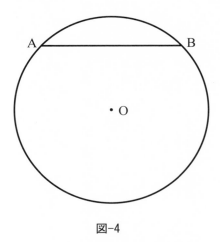

図-4

最初に，図-5 のように，図-4 の上の弧の下に直（長方形）と弧を合わせた帯直弧の面積 S_A を求める.

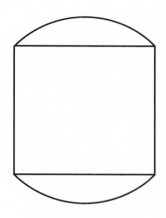

図-5

図-6 のように，弦を $2n$ 等分し，矩形（長方形）の縦 d_k $(k = 1,2,\cdots,n)$ を定めて

$$D_k = \frac{ad_k}{n} \tag{1}$$

とおく．これは，縦 d_k，横 a/n の矩形の面積を表す.

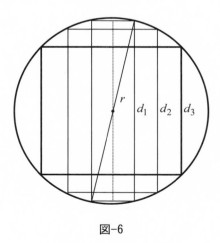

図-6

このとき，図-5 の帯直弧の面積は

$$S_n = \sum_{k=1}^{n} D_k = \sum_{k=1}^{n} \frac{ad_k}{n} \tag{2}$$

で近似される．ここで，d_k を求めると

$$d_k = \sqrt{r^2 - (\frac{ka}{n})^2} = r\sqrt{1 - (\frac{k}{n})^2 (\frac{a}{r})^2} \tag{3}$$

『算法求積通考』の巻の二の最初の部分に「立表第六奇除表<ruby>立表第六奇除表<rt>りっぴょうだいろくきじょひょう</rt></ruby>」があり，次の級数展開の各次数の係数が表に並んでいる．

$$\frac{d_k}{r} = \left\{ 1 - \frac{1}{2 \cdot 1!}(\frac{k}{n})^2 (\frac{a}{r})^2 - \frac{1}{2^2 \cdot 2!}(\frac{k}{n})^4 (\frac{a}{r})^4 - \frac{1 \cdot 3}{2^3 \cdot 3!}(\frac{k}{n})^6 (\frac{a}{r})^6 - \cdots \right\} \tag{4}$$

(3)より，(4)は $\sqrt{1 - (k/n)^2 (a/r)^2}$ の級数展開を表す．これについては，加藤平左エ門著『和算ノ研究 方程式論』に解説がある*1．(2)より

$$S_n = ar\left\{ 1 - \frac{1}{2 \cdot 1!} \cdot \frac{1}{n}\sum_{k=1}^{n}(\frac{k}{n})^2 (\frac{a}{r})^2 - \frac{1}{2^2 \cdot 2!} \cdot \frac{1}{n}\sum_{k=1}^{n}(\frac{k}{n})^4 (\frac{a}{r})^4 \right.$$
$$\left. - \frac{1 \cdot 3}{2^3 \cdot 3!} \cdot \frac{1}{n}\sum_{k=1}^{n}(\frac{k}{n})^6 (\frac{a}{r})^6 - \cdots \right\} \tag{5}$$

また，「立表第一天表<ruby>立表第一天表<rt>りっぴょうだいいちてんびょう</rt></ruby>」には

$$\lim_{n \to \infty} \frac{1}{n}\sum_{k=1}^{n}(\frac{k}{n})^p = \frac{1}{p+1} \tag{6}$$

の値が表になっている．この表は

$$\int_0^1 x^p \, dx = \frac{1}{p+1} \tag{7}$$

を求めていることになる．(5)において，$n \to \infty$ とすると

$$S_A = ar\left\{ 1 - \frac{1}{2 \cdot 1!} \cdot \frac{1}{3}(\frac{a}{r})^2 - \frac{1}{2^2 \cdot 2!} \cdot \frac{1}{5}(\frac{a}{r})^4 - \frac{1 \cdot 3}{2^3 \cdot 3!} \cdot \frac{1}{7}(\frac{a}{r})^6 - \cdots \right\} \tag{8}$$

(5)～(8)の計算過程を「D_k を畳<ruby>畳<rt>たた</rt></ruby>む」といい，(6)の値を「畳数<ruby>畳 数<rt>じょうすう</rt></ruby>」という．

次に，図-5 における直（長方形）の面積 S_B を求める．

$$S_B = a\sqrt{r^2 - a^2} = ar\sqrt{1 - (\frac{a}{r})^2} \qquad (9)$$

再び，「立表第六奇除表」より

$$S_B = ar\left\{1 - \frac{1}{2\cdot 1!}(\frac{a}{r})^2 - \frac{1}{2^2\cdot 2!}\cdot(\frac{a}{r})^4 - \frac{1\cdot 3}{2^3\cdot 3!}\cdot(\frac{a}{r})^6 - \cdots\right\} \qquad (10)$$

求める弧の面積は $S = (S_A - S_B)/2$ なので

$$S = ar\left\{\frac{1}{2\cdot 1!}\cdot\frac{1}{3}(\frac{a}{r})^2 + \frac{1}{2^2\cdot 1!}\cdot\frac{1}{5}(\frac{a}{r})^4 + \frac{1\cdot 3}{2^3\cdot 2!}\cdot\frac{1}{7}(\frac{a}{r})^6 + \cdots\right\} \qquad (11)$$

更に，(11) を次のように表している．

$$S = (原数) + \left\{原数\cdot(\frac{a}{r})^2\cdot\frac{1\cdot 3}{2\cdot 5}\right\} + \left\{一差\cdot(\frac{a}{r})^2\cdot\frac{3\cdot 5}{4\cdot 7}\right\}$$
$$+ \left\{二差\cdot(\frac{a}{r})^2\cdot\frac{5\cdot 7}{6\cdot 9}\right\} + \cdots \qquad (12)$$

ここで，原数は (11) の第 1 項をいう．(12) の第 2 項，第 3 項は，それぞれ，一差，二差といい，次の項で使われる．

　次に，現代的解法を考えてみる．

簡単のために，円の直径を $2r$，弦の長さを $2a$ とする．このとき

$$S = 2\int_0^a \left(\sqrt{r^2 - x^2} - \sqrt{r^2 - a^2}\right)dx$$

$$= \left(a\sqrt{r^2 - a^2} + r^2 Sin^{-1}\frac{a}{r}\right) - 2a\sqrt{r^2 - a^2}$$

$$= r^2 Sin^{-1}\frac{a}{r} - ar\sqrt{1 - (\frac{a}{r})^2} \qquad (13)$$

ここで，$Sin^{-1}x$，$\sqrt{1-x}$ の級数展開を用いて，$2r$，$2a$ を，それぞれ，r，a と改めれば (11) が得られる．

　また，(8) において，$a = r = 1$ とおくと

$$\frac{\pi}{4} = 1 - \frac{1}{2\cdot 1!\cdot 3} - \frac{1}{2^2\cdot 2!\cdot 5} - \frac{1\cdot 3}{2^3\cdot 3!\cdot 7} - \cdots \qquad (14)$$

これを円積率という．円周率については，次の式も知られていた．

$$\pi = 3\left(1 + \frac{1}{4\cdot 3!} + \frac{3^2}{4^2\cdot 5!} + \frac{3^2\cdot 5^2}{4^3\cdot 7!} + \cdots\right) \tag{15}$$

これは，松永良弼の得た公式である．『算法求積通考』には，上述の「天表」の他にも多くの表があり，それらの表を用いて，側円（楕円）の周の長さや穿去積など様々な求積問題が解かれた．

注

*1 $\sqrt{1-h}$ の級数展開を「平方綴術に開く」という．加藤平左エ門著『和算ノ研究 方程式論』の第五章「綴術ニヨル開方及ビ方程式解法」により解説する．

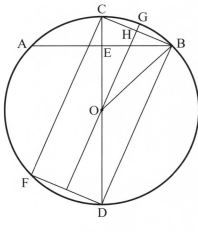

図-7

図-7 のように，弦 AB と直交する直径 CD の交点を E とし，長方形 $BCFD$ を作る．GO を BD に平行に取り，GO と BC の交点を H とする．そして，$CD = 1$，$CE = h$，$GH = x$ とおく．$\Delta CEB \backsim \Delta BED$ より $CE:BE = BE:DE$．したがって，$BE^2 = h(1-h)$．ΔBEC について，三平方の定理より，$BC^2 = h$．ΔCBD について，三平方の定理より，$BD = \sqrt{1-h}$．図-7 より，$2GH = 1 - BD$ なので

$$2x = 1 - \sqrt{1-h} \tag{16}$$

したがって

$$x^2 - x + \frac{h}{4} = 0 \tag{17}$$

この方程式を，組立除法を繰り返し用いて，次のように解く．

実 $h/4$ を方 -1 で割って，符号を変え $h/4$ を得る．そして，$h/4$ を立てて組立除法を行う（2．方程式 参照）．その結果，$x_1 = x - h/4$ とおいて，(17) は次のように変換される．

$$x_1{}^2 + (-1 + \frac{h}{2})x_1 + \frac{h^2}{16} = 0 \tag{18}$$

次に，実 $h^2/16$ を方 $(-1 + h/2)$ の初項 -1 で割って，符号を変え $h^2/16$ を得る．そして，$h^2/16$ を立てて組立除法を行う．その結果，$x_2 = x_1 - h^2/16$ とおいて，(18) は次のように変換される．

$$x_2{}^2 + (-1 + \frac{h}{2} + \frac{h^2}{8})x_2 + (\frac{h^3}{32} + \frac{h^4}{256}) = 0 \tag{19}$$

更に，実の初項 $h^3/32$ を方 $(-1 + h/2 + h^2/8)$ の初項 -1 で割って，符号を変え $h^3/32$ を得る．そして，$h^3/32$ を立てて組立除法を行う．その結果，$x_3 = x_2 - h^3/32$ とおいて，(19) は次のように変換される．

$$x_3{}^2 + (-1 + \frac{h}{2} + \frac{h^2}{8} + \frac{h^3}{16})x_3 + (\frac{5h^4}{256} + \frac{h^5}{256} + \frac{h^6}{1024}) = 0 \tag{20}$$

変換された方程式の実は 0 に近づくので，(20) の解は $x_3 \approx 0$．他の解は題意に合わない．したがって

$$x_3 = x - \frac{1}{4}h - \frac{1}{16}h^2 - \frac{1}{32}h^3 \approx 0 \tag{21}$$

$n \to \infty$ として

$$x - \frac{h}{4} - \frac{h^2}{16} - \frac{h^3}{32} - \frac{5h^4}{256} - \cdots = 0 \tag{22}$$

(16) より

$$\sqrt{1-h} = 1 - \frac{h}{2} - \frac{h^2}{8} - \frac{h^3}{16} - \frac{5h^4}{128} - \cdots \tag{23}$$

参考文献

[著書]

1) 三上義夫：文化史上より見たる日本の数学，岩波文庫，1999年（1922年初出）.

2) 小倉金之助：日本の数学，岩波新書，1940年.

3) 加藤平左エ門：和算ノ研究 方程式論，日本学術振興会，1955年.

4) 加藤平左エ門：和算ノ研究 雑論 III，丸善，1956年.

5) 遠藤利貞：増修日本数学史，恒星社厚生閣，1960年.

6) 平山諦：和算の歴史－その本質と発展，ちくま文庫，2007年（1961年初出）.

7) 加藤平左エ門：和算ノ研究 整数論，丸善．1964年.

8) 平山諦：和算史上の人々，ちくま文庫，2008年（1965年初出）.

9) 高木貞治：初等整数論（第2版），共立出版，1971年.

10) 加藤平左エ門：算聖関孝和の業績，槙書店 1972年.

11) 平山諦，下平和夫，広瀬秀雄：関孝和全集，大阪教育図書，1974年.

12) 岩田志康：幾何学大辞典 第2巻，槙書店，1974年.

13) 日本学士院編：明治前日本数学史 I～V（新訂版），井上書店，1979年.

14) ゴロウニン（徳力真太郎訳）：日本俘虜実記，講談社学術文庫，1984年.

15) 大矢真一：和算入門，日本評論社，1987年.

16) 深川英俊，ダン・ペドー：日本の幾何－何題解けますか？，森北出版，1991年.

17) 平山諦：和算の誕生，恒星社恒星閣，1993年.

18) 深川英俊，ダン・ソコロフスキー：日本の数学－何題解けますか？（上）（下），
    森北出版，1994年.

19) 深川英俊：日本の数学と算額，森北出版，1998年.

20) 佐藤健一：新和算入門，研成社，2000年.

21) 佐藤健一，大竹茂雄，小寺裕，牧野正博：和算史年表，東洋書店，2002年.

22) 日本学士院編：日本学士院所蔵 和算資料目録，岩波書店，2002年.

23) 小川束，平野葉一：講座 数学の考え方24 数学の歴史，朝倉書店，2003年.

24) 伊藤洋美：手づくり選択数学 おもしろ和算，明治図書，2003年.

25) 鈴木武雄：和算の成立－その光と陰－，恒星社恒星閣，2004年.

26) 佐藤健一，大竹茂雄，小寺裕，牧野正博：和算用語集，研成社，2005年.

27) 深川英俊解説・監修：図録庶民の算術，朝日新聞社事業部名古屋企画事業チー
    ム，2005年.

28) 深川英俊校注：算法助術（復刻），同上.

29) 小寺裕：だから楽しい江戸の算額，研成社，2007 年.

30) 佐藤健一監修：和算の事典，朝倉書店，2009 年.

31) 桜井進：江戸の数学教科書，集英社インターナショナル，2009 年.

32) 西田知己：親子で楽しむこども和算塾，明治書院，2009 年.

33) 小寺裕：和算書「算法少女」を読む，ちくま学芸文庫，2009 年.

34) 小寺裕：江戸の数学 和算，技術評論社，2010 年

35) 深川英俊，トニー・ロスマン：Sacred Mathematics, Princeton University Press，2008 年（邦訳）聖なる数学 算額，森北出版，2010 年.

36) 上垣渉：中学校　和算で作るおもしろ数学授業，明治図書，2013 年.

37) 田部井勝稲，松本登志雄：反転法と算変法，一粒書房，2014 年.

38) 城地茂：和算の再発見-東洋で生まれたもう一つの数学，化学同人，2014 年.

［新潟に関連した和算の資料］

1) 会田安明：越後国諸堂社諸流奉額集，山形大学附属図書館(佐久間文庫).

2) 桑本正明：悠久山額題論，嘉永 5（1852）年，津和野町郷土館.

3) 山口和：道中日記，文化 14（1817）年〜文政 11（1828）年，阿賀野市（旧水原町）教育委員会.（新潟県立文書館にコピーがある）

4) 畠山重春：算法額題集，聖篭町二宮家文書（蓮池文庫）（新潟県立文書館にマイクロフィルムがある）

5) 古市正利：羽黒奉納額題集，明治 15（1892）年，東北大学附属図書館 DB.

6) 西脇済三郎，三上義夫：佐藤雪山略伝及算法円理三台著者考，私家版，国立国会図書館近代デジタルライブラリー，1919 年.

7) 道脇義正，八田健二：新潟の算額，私家版，1967 年.

8) 石川秀雄：大戸神社の算額に関する史的考察，水原博物館調査研究報告・別冊，1968 年.

9) 石田哲彌：栃尾市秋葉神社の算額，栃尾市教育委員会，1974 年.

10) 石田哲彌：新潟県の和算概説，数学史研究 67 号，pp. 1-13，1975 年.

11) 立川芳俊：繁船稲荷の算額，笹神村郷土研究（第七集），pp. 13-21，笹神村教育委員会，1977 年.

12) 金子勉：諸勘分物第二巻について，数学史研究 85 号，pp. 6-15，1980 年.

13) 鈴木康：新発田および周辺における和算家，新発田郷土誌 No. 11，pp. 54-61，

1982 年.

14) 道脇義正：八海神社の算額とその意義，数学史研究 111 号，pp. 45-48，1986 年.

15) 渡辺慶一：小林百哺，柿村書店，1986 年.

16) 石田哲彌：新潟県に関係する和算関係資料，新潟県文化財収蔵館報第 6 号，
pp. 11-21，1987 年，

17) 五十嵐秀太郎：評伝佐藤雪山，恒文社，1989 年.

18) 道脇義正，丸田信夫：丸田正通について，数学史研究 123 号，pp. 7-15，1989 年.

19) 金子勉：諸勘分物第二巻についての若干の考察，数学史研究 126 号，pp. 34-43,
1990 年.

20) 藤井貞雄：山口坎山『道中日記』の算題，私家版，1996 年.

21) 佐藤健一：和算を教え歩いた男，東洋書店，2000 年.

22) 金子勉：佐渡の和算史にみえる人々，佐渡歴史民俗叢書 3（佐渡の文化史），
両津市郷土博物館，2003 年.

23) 石田哲彌：越後・長岡の和算（数学）の歴史 （一）／（二）／（三），長岡郷
土誌，No. 48，pp. 45-55，2011 年 ／ No. 49，pp. 59-67，2012 年 ／ No. 50,
pp. 117-125，2013 年.

［新潟県史など］

1) 南魚沼郡教育会編：南魚沼郡志，1920 年.

2) 今泉省三：長岡の歴史 第一巻，野島出版，1968 年.

3) 新発田市編：新発田市史 下巻，1981 年.

4) 三条市編：三条市史 上巻，1983 年.

5) 三島町編：三島町史 上巻，1984 年.

6) 新潟県編：新潟県史 通史編 4（近世 2），1988 年.

7) 新潟県編：新潟県史 通史編 5（近世 3），1988 年.

8) 長岡市編：長岡市史 通史編上巻，1996 年.

9) 十日町市編：十日町市史 通史編，1996 年.

10) 長岡市立中央図書館文書資料室：長岡市史双書 No. 41，長岡藩政史料集 6
（長岡藩の家臣団），2002 年.

11) 本山幸一：越後長岡藩の研究，高志書院，2007 年.

12) 南魚沼市教育委員会編：六日町史，通史編 第 2 巻 近世，2015 年.

［和算書］

1) 吉田光由：新編塵劫記，寛永 18(1641)年，東北大学附属図書館データベース /東北大学デジタルコレクション/和算資料データベース(以下，東北大学 DB).

2) 藤田嘉言：神壁算法，寛政元(1789)年(寛政 8(1796)年増刻)，東北大学 DB.

3) 松永直英：神壁算法解，享和 3(1803)年，東北大学 DB.

4) 藤田嘉言：続神壁算法，文化 4(1807)年，東北大学 DB.

5) 福田廷臣：算法変形指南，文政 3(1820)年，東北大学 DB.

6) 和田寧：適尽題寄消適当本術解，文政 4(1821)年，東北大学 DB.

7) 内田恭：神壁算法解義，文政 5(1822)年，東北大学 DB.

8) 岩井重遠：算法雑俎，文政 13(1830)年，東北大学 DB.

9) 中村時万：賽祠神算，天保 2(1831)年，東北大学 DB.

10) 千葉胤秀：算法新書，天保 2(1831)年，東北大学 DB.

11) 内田恭：古今算鑑，天保 3(1832)年，東北大学 DB.

12) 山本賀前：大全塵劫記，天保 3(1832)年，東北大学 DB.

13) 斎藤宜義：算法円理鑑，天保 5(1834)年，東北大学 DB.

14) 野村貞処：矩合枢要，天保 10(1839)年，東北大学 DB.

15) 山本賀前：算法助術，天保 12(1841)年，東北大学 DB.

16) 内田久命：算法求積通考，弘化元(1844)年，東北大学 DB.

17) 佐藤解記：算法円理三台，弘化 3(1846)年，東北大学 DB.

18) 福田理軒：順天堂算譜，弘化 4(1847)年，東北大学 DB.

19) 水野民徳：算法助術解義，安政 6(1859)年，東北大学 DB.

20) 法道寺善：観新考算変，安政 7(1860)年，東北大学 DB.

21) 安原千方，中曽根宗邪：数理神篇，万延元(1860)年，東北大学 DB.

22) 金原与三郎：算法助術解，慶応 4(1868)年，東北大学 DB.

23) 著者不詳：算法助術解義(金原文庫)，東北大学 DB.

24) 佐久間纉：神廟仏閣算額起源，山形大学附属図書館(佐久間文庫).

25) 吉田為幸：神壁算法解，日本学士院.

26) 吉田為幸：張州神壁，日本学士院.

27) 白石長忠，御粥安本：続神壁算法解義，東北大学 DB.

28) 佐藤解記：算法解集，日本学士院.

29) 著者不詳：久氏極数十五問之解，東北大学 DB.

[論文]

1) 加藤平左エ門：和算に用ひられた Newton の近似法は如何にして導出されたか，東京物理学校雑誌第 606 号（51 巻），pp. 91-95，1942 年.

2) 上垣渉：Japanese Theorem の起源と歴史，三重大学教育学部研究紀要第 52 巻自然科学，pp. 23-45，2001 年.

3) 涌田和芳，外川一仁：和算における極値問題の解法について，数学史研究，第 217 号，pp. 29-42，2013 年.

4) 涌田和芳，外川一仁：適尽方級法の現代数学への応用，数学史研究，第 220 号，pp. 49-56，2014 年.

5) 涌田和芳，外川一仁：和算の穿去問題より導かれる不定積分の公式，数学史研究，第 227 号，pp. 23-30，2017 年.

[論文（2）]

長岡工業高等専門学校研究紀要に発表したもので，本書の元になったものである．下記 HP により閲覧できる．本書にまとめるにあたり，復元図を含め改訂した．

1) 長岡蒼柴神社の算額，第 42 巻第 2 号，pp. 1-8，2006 年.

2) 柏崎椎谷観音堂の算額，第 43 巻第 2 号，pp. 17-22，2007 年.

3) 三島諏訪神社の算額，第 44 巻第 2 号，pp. 11-14，2008 年.

4) 長岡蒼柴神社の紛失算額，第 45 巻第 2 号，pp. 25-30，2009 年.

5) 村上羽黒神社の紛失算額，第 46 巻，pp. 19-24，2010 年.

6) 新潟白山神社の紛失算額，第 47 巻，pp. 7-16，2011 年.

7) 与板八幡宮の紛失算額，第 48 巻，pp. 1-5，2012 年.

8) 与板八幡宮の紛失算額（2），第 48 巻，pp. 7-12，2012 年.

9) 与板八幡宮の紛失算額（3），第 49 巻，pp. 1-6，2013 年.

10) 三条本成寺の紛失算額，第 49 巻，pp. 7-11，2013 年.

11) 新発田諏訪神社の紛失算額，第 50 巻，pp. 31-37，2014 年.

12) 糸魚川天津神社の紛失算額，第 50 巻，pp. 39-43，2014 年.

13) 小千谷二荒神社の紛失算額，第 51 巻，pp. 35-40，2015 年.

14) 直江津府中八幡宮の紛失算額，第 52 巻，pp. 41-49，2016 年.

15) 三島根立寺観音堂の算額，第 53 巻，pp. 17-23，2017 年.

http://www.nagaoka-ct.ac.jp/lib/kiyo.htm

付録　和算の流派および越後の和算家

1. 和算の流派

　和算では，伝統を重んじて流派が作られた．平山諦著『和算の歴史-その本質と発展』，『新潟県史』参照．

　流派の中の最大のものは，関孝和(1640?-1708)を始祖とする関流であり，関は算聖とも称される．関の高弟に，建部賢明(1661-1716)，賢弘(1664-1739)兄弟，荒木村英(1640-1718)がいた．関流では，関孝和の直弟子を一伝，その直弟子を二伝というように称した．そして，流派の最高位は宗統と呼ばれ，以下のように受け継がれた．

関孝和 → 一伝荒木村英 → 二伝松永良弼 → 三伝山路主住
1640?-1708　　1640-1718　　　1692-1744　　　1704-1772

→ 四伝安島直円 → 五伝日下誠 → 六伝内田恭（五観）
1732-1798　　　1764-1839　　　1805-1882

→ 七伝川北朝鄰 → 八伝林鶴一
1840-1919　　　1873-1935

　林は東北帝国大学教授である．他に，久留島義太（?-1757），藤田貞資（1734-1807），長谷川寛（1782-1838），和田寧（1787-1840）も著名な指導者である．

　関流の次に良く知られた流派として，会田安明（1747-1817）が創めた最上流がある．会田は，初め関流の本多利明（1743-1820）に学び，後に最上流を興した．他に，中西流，宮城流，宅間流，三池流，麻田流，至誠賛化流，大島流，真元流などがある．いずれも，江戸，京，大坂に始まり，地方へと広まった．越後では関流が主流であるが，新発田を中心に最上流が行われた．他に，宅間流，至誠賛化流，真元流もみられる．

　和算における重要な本は当時から刊行され，内容は公開されていた．また，

各流派による数学の内容に大きな違いはなかった．算額に端を発した関流と
最上流の間の論争も知られている．

2．越後の和算家

　江戸時代，越後と関係のあった指導的立場の和算家の小伝である．遠藤利
貞著『増修日本数学史』，『明治前日本数学史Ⅰ～Ⅴ』，『新潟県史』参照．

◆百川治兵衛（1580-1638）

1630 年頃佐渡を訪れ，算学を広めた．1638 年キリシタンの疑いで投獄され，
許されるが同年没．百川の著書『諸勘分物』（1622 年）が佐渡に遺されてい
る．材木から削り出す角材の大きさや堀の容積の計算など，実用的な問題を
扱っている．現在行われている，掛け算の九九を用いてそろばんの割り算を
行う「亀井算」の考案者という．新潟県立図書館近くに，亀井算の顕彰碑が
ある．金子勉著「諸勘分物第二巻について」に，百川についての解説がある．

◆村瀬義益

佐渡出身．佐渡で百川流の数学を学び，江戸に出て磯村吉徳（?-1710）の門
人となる．1673 年に刊行した『算法勿憚改』には，三平方の定理の証明や 3
次方程式の逐次近似解法などが含まれる．

◆小村松庵

諸国放浪の遊歴算家．出雲崎を訪れ，算学所を開く．『漢術和変』（1701 年）
を著す．2 次方程式の解の公式により，そろばんによる 2 次方程式の解法を
考えた．東信濃地方に一流派を築いた．

◆本多利明（1743-1820）

越後蒲原郡の出身．石田哲彌著「新潟県の和算概説」では，荒川河口付近と
いう．1766 年に江戸に塾を開き多くの門弟を育てた．門弟の中には，最上流

を創めた会田安明もいる．多くの著書があり，『経世秘策』では，ヨーロッパの国々を論じ，日本の海外発展を主張した．オランダの航海表を翻訳した『大測表』には，三角関数表や対数表がある．

◆丸山良玄（1757-1816）

村上藩士．通称，因平といい関流の著名な和算家藤田貞資の高弟．『新法綴術詳解』（1796年），『丸氏算法』（1812年）を著す．門人が村上羽黒神社（1791年），新井地蔵堂（1799年），糸魚川天津神社（1800年）に算額を奉納している．

◆石垣光隆

長岡藩士．通称，作右衛門といい関流の著名な和算家藤田貞資の門人．1796年に蒼柴神社に算額を奉納している．また，門人が蒼柴神社（1798年）に算額を奉納している．長岡藩の元治元年分限帳「長岡家中居屋敷禄高調」（1803年頃成立）に，「七軒町東より」に石垣作右衛門の名が見える．

◆太田正儀

長岡藩士．通称，寛兵衛といい，関流宗統五伝日下誠の門人．本多利明編『算題象形類五十問』の後編の撰を行う．1804年に江戸芝神明社に算額を奉納している．また，門人が新潟白山神社（1800年），長岡蒼柴神社（1801年），与板八幡宮（1804年，1808年，1809年）に算額を奉納している．長岡藩の天保分限帳「御家中附」（1815-1816年成立）に，栃尾御蔵太田寛兵衛と記されている．

◆米持矩章（1759-?）

三島新保の人．江戸に出て関流宗統五伝日下誠の門人となり，帰郷後，農業の傍ら地元で数学を教えた．1795年に，長岡蔵王神社および柏崎椎谷観音堂に算額を奉納している．また，門人が与板八幡宮（1800年）に算額を奉納し

ている.

◆丸田正通 （1779-1833）
新発田藩士. 通称, 源五右衛門といい会田安明の弟子の四天王の一人. 『算法
教授』などを著す. 『算学譜』（1804 年）が新発田市立図書館に遺されている.
道脇義正, 丸田信夫著「丸田正通について」に詳しい解説がある. また, 浅
草観音堂境内の碑（算子塚）に, 新発田藩の和田富且とともに, 最上流の高
弟 33 名の中に名前がある. 門人が新潟白山神社（1803 年）, 中条乙宝寺（1807
年）, 新発田諏訪神社（1808 年, 1827 年）に算額を奉納している.

◆山口和 （?-1850）
水原の人. 坎山と号した. 関流の著名な和算家長谷川寛の高弟. 長谷川が江
戸で開いた「数学道場」の指導者. 遊歴算家として知られ, 全国を旅して数
学を教えた. その記録である『道中日記』には, 全国の算額の問題なども記
載されている. 佐藤健一著『和算を教え歩いた男』, 藤井貞雄著『山口坎山「道
中日記」の算題』に解説がある. 阿賀野市の瓢湖の湖畔, 水原八幡宮境内に
碑がある.

◆小林惟孝 （1804-1887）
直江津の人. 百哺として知られている. 数学を関流宗統六伝内田恭（五観）,
歴術を小出兼政に学んだ. 『算法盟譜抜書』, 『算法童蒙発心天地』（1827
年）, 『算法容術起源』（1849 年）の著書がある. 渡辺慶一著『小林百哺』
に詳しい伝記がある. 門人が弥彦神社（1847 年）, 直江津八坂神社（1847
年）, 直江津府中八幡宮（1847 年）に算額を奉納している. 上越市の五智国
分寺境内に碑がある.

◆佐藤解記 （1814-1859）
小千谷の人. 雪山と号した. 縮布商, 後年, 薬種商を営み, 数学, 暦学を学

んだ. 独学で学び, 1833 年, 20 歳のとき, 小千谷二荒神社に算額を奉納した.
1834 年に山口和に師事し, その後, 長谷川寛の高弟となる.『算法円理三台』
（1846 年）などの著書がある.『算法円理三台』では, 黒点軌線（軌跡）, 釣
垂（重心）, 円理極数（極値）の 3 種類の問題を解いている. 多くの弟子を育
てた. 1847 年に門人が長岡蒼柴神社に算額を奉納している. 西脇済三郎, 三
上義夫著『佐藤雪山略伝及算法円理三台著者考』には, 伝記とともに二荒神
社の算額の問題も記載されている, また, 五十嵐秀太郎著『評伝佐藤雪山』
は物語風の伝記である. 小千谷市の船岡山公園に碑がある.

◆安立敬 (1821-1903)
三島上岩井の人. 通称, 数衛という. 江戸に出て, 関流宗統六伝内田恭（五
観）の門人となり, 郷里に戻って子弟を教育した. 門人が三島根立寺（1849
年）, 三島諏訪神社（1849 年）に算額を奉納している. 三島上岩井に碑があ
る.

　他に, 上越地方では, 直江津の林百輔, 佐野利右衛門, 花井健吉, 糸魚川
の見邉栄親, 中越地方では, 長岡の太田保明, 野口清濤, 鵜殿団次郎（春風）,
栃尾の諏佐嘉継, 小千谷の広川晴軒, 三島の遠藤棟重, 米持矩義, 刈羽の村
山禎信, 南魚沼の黒田玄鶴（金城）, 富所政継, 駒形繁継, 下越地方では,
西蒲原の一雪齊僧法爾欽校, 黒川の山本大進などが活躍した. 長岡の蒼柴神
社の境内奥に鵜殿春風の碑がある.

市町村別算額分布図

付録 新潟県の算額リストおよび注

『新潟県史 通史編5(近世3)』に記載された資料を元に修正を加えた。現存しない算額は、その典拠をできるだけ明らかにしたが、新潟県史以外に資料が特定できるものはそのようにした。算額に流派・師名のあるものは記載し、ないものは記載していない。不明のものは( )で表示している。資料1は当時の資料であり、資料2は現代の資料である。網掛けは現存を示し、番号の*印は本書で取り上げたことを示す。

資料凡例 A:神壁算法、B:続神壁算法、C:襄嗣神算、D:順天堂算譜、E:越後国諸堂社諸流奉額集
F:道中日記、G:算法額題集、K:新潟県史、N:新潟県史、S:新発田郷土誌

	掲額地		掲額年	西暦	流派	師	掲額者	資料1	資料2	備考
1	佐渡市(旧相川町)	天神社	天明3	1783			姜野重供		K	注1
2	新潟市	白山神社	天明7	1787			坂内津右衛門		K	注2
*3	村上市	羽黒神社	寛政3	1791	関	丸山良玄	鶴見正直	A、E 神壁算法解	K、N、S	
4	長岡市	金峰神社	寛政7	1795	関	日下誠	米持矩章	C、E、F	K、N	
*5	柏崎市	椎谷観音堂	寛政7	1795	関	日下誠	米持矩章	C、E	K、N	注3
*6	長岡市	蒼柴神社	寛政8	1796	関	藤田貞資	石垣光隆	A、E、F 神壁算法解義	K、N	

No.	市町村	社寺	和暦	西暦	区分	（丸山良玄）	吉岡寛明	書名	記号	K	注
7	長岡市	蒼柴神社	寛政9	1797			内山易従・太田義旭・星野親興・磯貝正文		C, F	K	注4
8	妙高市（旧新井市）	地蔵堂	寛政10	1798		石垣光隆				K, N	
9	新潟市	白山神社	寛政11	1799		丸山良玄	米持富房	続神壁算法解義	B	K, N	
10	糸魚川市	天津神社	寛政12	1800	関	太田正儀	皆川正衡		F	K, N, S	
*11	三条市	本成寺	寛政12	1800	関	丸山良玄	見邉栄親	続神壁算法解義	B	K, N	
*12	長岡市（旧与板町）	郡野神社	寛政12	1800		神谷定令	松下與昌	続神壁算法解義		K, N	注5
*13	新発田市	諏訪神社	寛政12	1800	関	米持矩章	片桐総盈・原村本		C, E	K, N	
14	新潟市	白山神社	寛政12	1800			丸田正通・和田富旦		E, G	K, N, S	
15	長岡市	蒼柴神社	寛政13	1801			谷恰蔵・山本金五郎		E	K, N, S	
*16	長岡市	蒼柴神社	享和元	1801	関	太田正儀	松村屋長右衛門・当銀屋万六・平石屋与冶兵衛		C, F	K, N	注6
17	新発田市	菅谷不動尊	享和元	1801		坂井広明	中野恭雄他		E	K, N, S	注7
18	新潟市	白山神社	享和2	1802		一雪齋僧法爾 歙投	笹木敦賢		E	K, N, S	注8
19	新潟市	白山神社	享和2	1802			山本金五郎		E	K, N, S	注9
*20	新潟市	白山神社	享和3	1803	最上	丸山正通	山本方剛		C, E	K, N, S	
21	上越市	諏訪神社	享和3	1803			吉沢次右衛門		F	K	

No.	所在地	社寺名	元号	西暦		(塩原道明)	高木専栄			
22	新発田市	諏訪神社	享和3	1803			高木専栄	E	K	注10
23	新発田市	諏訪神社	文化元	1804			川島義和・中野保高・橋本勝房	C	K, N	注11
*24	長岡市（旧与板町）	都野神社	文化元	1804	関	太田正儀	朽木規章・丸山正和	F	K, N	
25	長岡市（旧与板町）	都野神社			関	米持矩章	片桐総盈・原村本	F	K, N	注12
26	阿賀野市（旧笹神村）	母衣王神社	文化2	1805			岩野亀郎・山崎	F	K, S	
27	胎内市（旧中条町）	乙宝寺	文化2	1805			石　竹秀	E, G	K, N, S	注13
28	上越市（旧直江津市）	五智国分寺	文化3	1806	最上	会田安明	太田定之	F	K	
29	胎内市（旧中条町）	乙宝寺	文化4	1807	最上	丸田正通	榎本信房	C, G	K, N, S	
*30	新発田市	諏訪神社	文化5	1808	最上	丸田正通	高橋徳道・塩原道明	C, G	K, N, S	
*31	長岡市（旧与板町）	都野神社	文化5	1808	関	太田正儀	松浦宇重・竹内度員	C	K, N	
32	新発田市	神明神社	文化6	1809		(塩原道明)	高木専栄	F	K, S	
33	長岡市（旧与板町）	都野神社	文化6	1809		一雪齋曾法爾欽坂	松浦宇重	F		注14
34	弥彦村	弥彦神社	文化11	1814		塩原道明	幸田・神保・布施・佐藤・木村	C	K, N	注8
35	新発田市	大善寺太子堂	文化13	1816	最上	塩原道明	高木専栄	G	K, S	
36	南魚沼市（旧六日町）	牛頭天王	文政2	1819		(金城)	小出光虎・高橋師員・金城	E	K	注15

No.	市町村	神社	年号	西暦		奉納者	算者	和算書	K/S/N	注
37	五泉市	八幡宮	文政 9	1826		浅井長郷	平井尚休・中村政恒	G	K	注16
38	五泉市	八幡宮	文政 9	1826		浅井長郷	田中昌信・浅井長義	G	K	注16
39	南魚沼市（旧六日町）	八幡宮	文政 9	1826			平井尚休・中村政恒		K	注17
40	新発田市	諏訪神社	文政10	1827	最上	丸田正通	近藤安清・伊藤忠五郎	G	K, S	
41	弥彦村	大戸神社（大戸）	文政11	1828		酒井苗貞	諸橋一国・狩野盛貞他		K	注18
42	長岡市	金峰神社	文政12	1829		内田恭	米持矩義	古今算鑑	K, N	注19
43	新発田市	八幡宮（上館）	文政12	1829			江口秀直		K, S	注20
44	弥彦村	大戸神社（大戸）	文政13	1830			矢野忠房		K	注18
*45	小千谷市	二荒神社	天保 4	1833			佐藤解記・仲算正・渡部吉姞	算法解集	K, N	
46	新発田市	伊夜日子神社（飯島）	天保 7	1836			前田暉意	G	K, S	注21
47	南魚沼市	聖観音（柳古新田）	天保10	1839			松田清宣		K	注22
48	新発田市	諏訪神社	天保13	1842	最上		上野信正	G	K, S	
49	弥彦村	弥彦神社	弘化 4	1847		小林惟孝	川合祐貞・藤林為利	D	K, N	注23
50	上越市（旧直江津市）	八坂神社	弘化 4	1847		小林惟孝	川合祐貞・藤林為利・滝田存正	D	K, N	注24
*51	上越市（旧直江津市）	府中八幡宮	弘化 4	1847		小林惟孝	亀倉為孝・村松正為	D	K, N	注25

No.	市	社寺	和暦	西暦	関	佐藤解記	阿部義則・阿部正明	悠久山額題論	K,N,S	注
52	長岡市	蒼柴神社	弘化 4	1847	関		前田陣意	G	K, N	注26
53	新発田市	伊夜日子神社（飯島）	嘉永 2	1849					K, S	注21
*54	長岡市（旧三島町）	根立寺（上岩井）	嘉永 2	1849	関	安立 敬	小林重克・矢川政平		K, N	注27
*55	長岡市（旧三島町）	諏訪神社（七日市）	嘉永 2	1849	関	安立 敬	吉原乗義		K	注28
56	阿賀野市（旧水原町）	水原八幡宮（外城）	嘉永 3	1850	関	山口牧山	熊倉実雅		K, S	注29
57	村上市	羽黒神社	嘉永 7	1854		斎藤宣義	古市正和	羽黒奉納額算題	K, N, S	注30
58	柏崎市	米山薬師堂	安政 5	1858			箕輪知定	数理神篇	K, N	注31
59	胎内市（旧中条町）	文殊堂（野中）	元治元	1864			高井行改		K, S	注32
60	刈羽村	白山神社（大塚）	元治 2	1865	関	三宮清清	安達清嗣		K	注33
61	胎内市（旧中条町）	乙宝寺	慶応元	1865			酒井成観・黒岩吉治他	G	K, S	注34
62	十日町	八幡神社（水沢）	慶応 3	1867		高橋師員	金井貞行		K	注35
63	出雲崎町	薬師堂（滝谷）	明治 2	1869			諸橋久好		K	注36
64	胎内市（旧中条町）	文殊堂（野中）	明治 5	1872			斎藤順吉		K, S	注37
65	上越市（旧直江津市）	五智国分寺	明治 7	1874		高橋一五郎	八木金蔵他		K, N	注38
66	南魚沼市（旧大和町）	毘沙門堂	明治15	1882			富所政継・諏佐嘉継	吉原与吉ノート	K, N	注39

No.	所在地	社寺名	元号	西暦	最上	佐久間鎖	人名		区分	注
67	阿賀野市(旧笹神村)	繁舩稲荷神社(村岡)	明治17	1884			佐藤万次郎・石田繁松		K, S	注40
68	南魚沼市(旧六日町)	八坂神社(六日町)	明治21	1888			富所政継・諏佐嘉継・駒形繁継他		K	注41
69	南魚沼市(旧大和町)	八海神社(水尾)	明治23	1890			田中輝昶		K	注42
70	南魚沼市(旧六日町)	七草観音堂(寺尾)	明治25	1892		駒形繁継	井口當蕃		K	注43
71	南魚沼市(旧六日町)	七草観音堂(寺尾)	明治25	1892		駒形繁継	櫻井みの		K	注44
72	長岡市(旧栃尾市)	秋葉神社	明治26	1893		諏佐嘉継	門人多数		K, N	注45
73	南魚沼市(旧大和町)	毘沙門堂(浦佐)	明治27	1894			永井一高・和田忠正		K	注46
74	上越市(旧直江津市)	五智国分寺	明治32	1899		佐野利右衛門	佐野大三郎		K, N	注38
75	新発田市	藤戸神社(東宮内)	明治33	1900	最上		黒岩吉治・石川幸治他		K, N, S	注47
76	胎内市(旧中条町)	文殊堂(野中)					増子信長		K, S	注48
77	新潟市(旧豊栄市)	稲荷堂			最上	高橋徳通	吉川徳寿	G	K, S	
78	新潟市(旧豊栄市)	観音堂(内島見)					近藤休助	G	K, S	
79	新発田市	明王院金毘羅堂					羽賀友治	G	K, S	
80	新発田市(旧豊浦町)	須佐之男神社(天王)						神廟仏閣算額起源	K, N, S	注49
81	長岡市(旧三島町)	諏訪神社(吉崎)				遠藤棟重	門人多数			注50

注

資料

神壁算法，続神壁算法，賽祠神算，順天堂算譜，越後国諸堂社諸流奉額集等

道中日記 ／ 藤井貞雄編著『山口坎山「道中日記」の算題』参照

算法額題集 ／ 石田哲彌著「新潟県に関係する和算関係資料」参照

新潟県史 通史編5（近世3）等

道脇義正，八田健二著『新潟の算額』

注1：『新潟県史』では妻野佳助とあるが，金子勉著「佐渡の和算史にみえる人々 －主として算額の周辺について－」では妻野嘉助重供とある．また，妻野重供 は大坂の人で，宅間流内田秀富の門人である．

注2：『新潟県史』以外の資料は不明．

注3：宝物庫に保管されている．

注4：『新潟県史』以外の資料は不明．

注5：『三条市史』では現存するとなっているが，現在は不明．

注6：『長岡市史』にも記載がある．宝物庫に保管されている．

注7：『新発田市史』にも記載がある．本堂に掲額されている．

注8：『新潟県史』では僧法爾一雲斉，『越後国諸堂社諸流奉額集』では僧法爾 一雪齋挍，『賽祠神算』では一雪齋僧法爾欽挍とある．

注9：『新潟県史』では山本鉄五郎とあるが，『越後国諸堂社諸流奉額集』およ び鈴木康著「新発田および周辺における和算家」では山本金五郎．

注10：『新潟県史』以外の資料は不明．それ以前に纏められた鈴木康著「新発 田および周辺における和算家」には記載がない．

注11：『越後国諸堂社諸流奉額集』によれば，川島と中野は会田安明の門人， 橋本は藤田貞資の門人であるという．

注12：『新潟県史』では文化元とあるが，『道中日記』では年代は不明である．

注13：『越後国諸堂社諸流奉額集』『新潟の算額』「新発田および周辺における 和算家」では石竹秀であるが，『算法額題集』『新潟県史』では百竹秀である．

注14：『新潟県史』には記載がない．『道中日記』には，与板藩松浦陸左衛門と あり，与板藩の人と思われる．

注15：『新潟県史』以外の資料は不明．『新潟県史』では，掲額地は六日町牛頭天王とあり，流派は関流と最上流の2つが記載されている．金城とは黒田玄鶴のことであるという．江戸時代，六日町で牛頭天王と称していたのは，現在の八坂神社であり，明治4年に今の社号に改称した．また，嘉永3年に社殿が炎上し，翌4年に再建されたという．後の明治21年に掲額された算額は現存している（注41）．『六日町史』『南魚沼郡志』参照．

注16：『新潟県史』では，流派は至誠賛化としている．

注17：『新潟県史』以外の資料は不明．『新潟県史』では掲額先は五日町の八幡宮とあるが，現在の南魚沼市五日町の八幡社か．

注18：石川秀雄著「大戸神社の算額に関する史的考察」（水原博物館）参照．社内に掲額されている．

注19：内田恭編『古今算鑑』，天保3（1832）年，東北大学DB.

注20：『新潟県史』では，師は江口勘太夫であるが，算額に師の名前はない．『新発田市史』にも記載がある．社内に掲額されている．

注21：『新潟県史』では年代は慶応4年．『算法額題集』では，「飯島村奉掛伊夜日子宮額題五事」として，天保7年と嘉永2年に，それぞれ，問題が2題記載されている．末尾に慶応4年畠山重春謹選と記してあり，慶応4年に編者の畠山が5題の中から4題を選んで解いたことを示す．算額は，天保7年と嘉永2年の2面あったと考えられる．

注22：堂内に掲額されている．

注23：『新潟県史』では年代が弘化3年．

注24：『新潟県史』では年代が弘化3年．『順天堂算譜』では直江津今町湊佐多神社とあるが，現在の八坂神社のことである．

注25：『新潟県史』では年代が弘化3年．村松正為の記載がない．

注26：「悠久山額題論」は津和野町郷土館蔵．

注27：根立寺の観音堂に掲額されている．

注28：三島郷土資料館に展示されている．

注29：山口和（坎山）の門人名のみが記載されている．

注30：古市正利編『羽黒奉納額題集』，明治15（1882）年，東北大学DB.

注31：安原千方，中曽根宗旤編『数理神篇』，万延元（1860）年，東北大学DB.

注 32：掲額者は高井太四郎行改である．堂内に掲額されている．

注 33：『新潟県史』では，師は三宮信勝とあるが，三宮信清である．社内に掲額されている．

注 34：『新潟県史』では年代が慶応 2 年．『算法額題集』では奉懸乙宝寺大日堂額七事乙丑六月とあり，算額の年代は慶応元年と考えられる．末尾に慶応 2 年畠山重春と記してあり，編者の畠山が慶応 2 年に解いたことを示す．

注 35：『新潟県史』では八幡宮とあるが八幡神社．十日町市馬場甲にある．また，師は高橋師定ではなく高橋師貞．掲額者は今井市右衛門ではなく金井市右エ門貞行．『十日町市史』にも記載がある．社内に掲額されている．

注 36：堂内に掲額されている．

注 37：堂内に掲額されている．

注 38：昭和 63 年の火災により焼失．

注 39：「吉原与吉ノート」は長岡市立図書館（吉原文庫）蔵．

注 40：『新潟県史』では佐藤万次郎の記載がない．立川芳俊著「繁舩稲荷の算額」参照．神社は村岡の熊野若宮神社脇にある．神社も算額も個人所有である．

注 41：社内に掲額されている．八坂神社は，隣の吉祥院が管理している．

注 42：道脇義正著「八海神社の算額とその意義」に，この算額の解説がある．社内に掲額されている．

注 43：『新潟県史』では江口富翁とあるが井口當蒭．堂内に掲額されている．

注 44：女性が奉納した算額である．堂内に掲額されている．

注 45：算額は長岡市栃尾支所が保管しているが，復元されたものが社内に掲額されている．石田哲彌著「栃尾市秋葉神社の算額」参照．

注 46：『新潟県史』では稲田忠正とあるが和田忠正．宝物庫に保管されている．

注 47：『新発田市史』に記載がある．新発田市の清水園内の「蔵の資料館」に展示されているが，ほとんど判読できない．

注 48：山型の珍しい算額である．堂内に掲額されている．

注 49：『神廟仏閣算額起源』は山形大学附属図書館（佐久間文庫）蔵．

注 50：算額には 3 題が記述されていた．現在は，第 2 問とその術の一部が判読できる．前文には，遠藤棟重，乗安父子に対する米持矩義の讃がある．三島郷土資料館に展示されている．

おわりに

　現存する算額を調査してみると，算額の掲額先が分からず，市町村の文化財を担当している係の方から教えていただくことが度々あった．また，神社などを地区で管理されている方をお聞きし，ようやく，いくつかの算額に出会うことができた．

　算額は，今も神社や寺院で大切に守られており，快く見せていただくことができた．しかし，残念ながら『新潟県史』の調査以降，火災で焼失してしまったものもある．また，年月とともに算額の劣化が進み，判読が難しいものもある．本書で紹介したように，算額のいくつかは復元することができたが，詳しい調査が急がれる．

　平成28年12月，長岡市立中央図書館美術センターで「江戸時代の算額復元展」を開催したところ，2日間で約100名もの市民の方々に来場して頂き，関心の高さを感じた．今後も，算額をはじめとする和算への理解が深まる機会を作って行きたいと思う．

　本書で紹介した算額の問題は，和算家の会心の作だけあり，どれもよく考えられた問題である．本書では，当時の解法あるいはその推測を示したが，和算家の解法には工夫があり，その計算力には驚かされる．また，当時の解法といっても，一通りとは限らないが，現代的解法などの別解を考えてみると新しい発見があるかも知れない．

　本書を通して和算に興味をもっていただけたら，参考文献に上げた図書を読んで見ることをお勧めしたい．和算の世界をもっと深く知ることができると思う．

　本書をまとめるにあたり，算額の調査をはじめ，ご協力を頂いたすべての方々に感謝の意を表したい．

著者

涌田和芳

昭和 26 年水原町（現阿賀野市）出身

新潟大学大学院理学研究科（修士課程）数学専攻修了

長岡工業高等専門学校一般教育科　名誉教授

理学博士（九州大学）

外川一仁

昭和 34 年長岡市出身

長岡技術科学大学大学院工学研究科（修士課程）

機械システム工学専攻修了

長岡工業高等専門学校電子制御工学科　准教授

工学修士（長岡技術科学大学）

新潟の復元算額から

和算の独創性を知る

2020 年 3 月 16 日発行

著　者　　涌田和芳・外川一仁

発行者　　柳本和貴

発行所　　㈱考古堂書店

　　　　　〒951-8063　新潟市中央区古町通四番町 563

　　　　　℡　025-229-4058　http://www.kokodo.co.jp

印刷所　　㈱ウィザップ